华夏文艺及美学既不是"再现"，
也不是"表现"，而是"陶冶性情"，即塑造情感，
其根源则仍在这以"乐从和"为准则的远古传统。

华夏美学

李泽厚 著

全彩插图
珍·藏·版

长江出版传媒　长江文艺出版社

前记

　　这里所谓华夏美学，是指以儒家思想为主体的中华传统美学。我以为，儒家因有久远深厚的社会历史根基，又不断吸取、同化各家学说而丰富发展，从而构成华夏文化的主流、基干。说见拙著《中国古代思想史论》，本书则从美学角度论述这一事实。

　　本书是在新加坡东亚哲学研究所完成写作的（其中第三、四、五章曾收入拙著《走我自己的路》，此次作了较大增补），承所长吴德耀教授、助理所长 Mrs. Jeanie Toong、研究员同仁古正美博士、李中华先生、图书馆李金生主任、潘丽莲小姐以及其他诸位女士、先生们各方面多予协助，谨此鸣谢。

　　噫嘻！绿树红花，狮城如画，新知旧友，高谊入云；别期近矣，能不依依？

　　　　　　　　　　　　1988 年岁次戊辰春 3 月湖南李泽厚记

目录

华 夏 美 学
The Chinese Aesthetic Tradition

第 一 章

礼乐传统

1. "羊大则美"：社会与自然

"美"，这在汉语词汇里，总是那么动听，那么惹人喜欢。姑娘愿意人们说她美；中国的艺术家们、作家们一般也欣然接受对作品的这种赞赏，更不用说美的自然环境和住所、服饰之类了。"美"在中国艺术和中国语言中的应用范围广阔，使用次数异常频繁 [①]，使得讲华夏美学的历史时，很愿意去追溯这个字的本源含义。

可惜的是，迄今为止，对"美"字的起源和原意似乎并无明确的解说。一般根据后汉许慎的《说文解字》，采用"羊大则美"的说法。"羊大"之所以为"美"，则由于其好吃之故："美，甘也，从羊从大。羊在六畜，主给膳也。""羊"确与犬、马、牛不同，它主要是供人食用的。《说文解字》对"甘"的解释也是："甘，美也。从口含一。""好吃"为"美"几乎

[①] 这个应用范围和使用次数，似可与其他语言作一比较研究。

成了千百年来相沿袭的说法，就在今天的语言中也仍有遗留：吃到味甘可口的东西，称叹曰："美！"

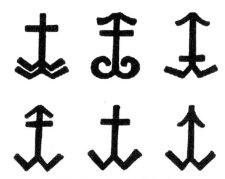

甲骨文、金文"羊"字

甲骨文"舞""巫"字

不过，《说文》在解说美"从羊大"后，紧接着便说，"美与善同意。"从甲骨文、金文这些最早的文字看，也可做出另一种解释。很可能，"美的原来含义是冠戴羊形或羊头装饰的大人（'大'是正面而立的人，这里指进行图腾扮演、图腾乐舞、图腾巫术的祭司或酋长）……他执掌种种巫术仪式，把羊头或羊角戴在头上以显示其神秘和权威。……美字就是这种动物扮演或图腾巫术在文字上的表现"[1]。至于为什么用羊头而不用别的什么头，则大概与当时特定部族的图腾习惯有关。例如中国西北部的羌族便一直是顶着羊头的。当然，这种解释也具有很大的猜测性，还有待于进一步的考释。

本书感兴趣的不在字源学（etymology）的考证，而在于统一"羊大则美""羊人为美"这两种解释的可能性。因为这统一可以提示一种重要的原始现象，并具有重要的理论意义。

这又是一个漫长的故事。

尽管中国旧石器时代的洞穴壁画之类的遗迹尚待发现，但欧洲的发现已经证实，原始人类最早的"艺术品"是涂画在黑暗的洞穴深部，它们不是为观赏或娱乐而创作，而是只有打着火把或燃起火种进行神秘的巫术礼仪即图腾活动时，才可以看得见的；有些则根本不让人们看见。它们是些秘密而神圣的巫术。当时人们的巫术活动一般大概是载歌载舞，极其狂热而又严肃的。原始壁画中那些活蹦乱跳、生动异常、现在看来如此之"美"的猛兽狂奔、野牛中箭等图景，只是远古人群这种巫术礼仪的遗存物。它们即是远古先民的原始文化现象。正是这种原始文化，日益使人类获得自我意识，

① 李泽厚、刘纲纪主编：《中国美学史》第 1 卷，北京，中国社会科学出版社，1984，第 80 页。美、舞两字古同源。详后。

● 拉斯科原始壁画

逐渐能作为自然生物界特殊的族类而存在。原始文化通过以"祭礼"为核心的图腾歌舞巫术，一方面团结、组织、巩固了原始群体，以唤起和统一他们的意识、意向和意志；另一方面又温习、记忆、熟悉和操练了实际生产—生活过程，起了锻炼个体技艺和群体协作的功能。总之，它严格组织了人的行为，使之有秩序、程式、方向。如 Clifford Geertz[①] 所指出，"没有文化模式，即有意义的符号组织系统的指引，人的行为

---

① Clifford Geertz（克利福德·格尔茨）：美国人类学家。

就不可控制，就将是一堆无效行动和狂暴情感的混杂物，他的经验也是模糊不清的"。[1] 文化给人类的生存、生活、意识以符号的形式，将原始的混沌经验秩序化、形式化，开始时，它是集宗教、道德、科学、政治、艺术于一身的整体，已有"审美"于其中矣，然而犹未也。因为此"审美"仍然混杂在维系人群生存的巫术活动的整体之中，它具有社会集体的理性性质，尽管最初似乎是以非理性的形式呈现出来。

但是，又有个体情感于其中。你看，那狂热的舞蹈，那神奇的仪容，不有着非常强烈的情绪激动吗？那欢歌、踊跃、狂呼、咒语，不有着非常激烈的本能宣泄吗？它由个体身心来全部参与和承担，具有个体全身心感性的充分展露。

动物有游戏，游戏对于某些动物是锻炼肢体、维护生存的本能手段；远古先民这些图腾舞蹈、巫术礼仪不也可以说是人类的游戏吗？如果用社会生物学的观点，这两者几乎可以没有区别。但是，从实践哲学的理论看，第一，人的这种"游戏"，是以使用制造工具的物质生产活动为其根本基础[2]。第二，它是一种系统性的符号活动，而不是条件反射或信号活动。这两点使它在实质上与动物的游戏区分开来。这种符号性的文化活

---

[1]　Clifford Geertz, *The Interpretation of Cultures,* New York, 1973, p. 46.

[2]　参阅拙作《批判哲学的批判》。

动是现实活动，即群体协同的物质（身体）活动；但它的内容却是观念性的，它不像生产活动那样直接生产物质的产品（猎物、农作物），它客观上主要作用于人们的观念和意识，生产想象的产品（想象猎物的中箭、作物的丰收等）。这种群体活动作为程式、秩序的规范性、交往性，使参加者的个体在意识上从而在存在上日益被组织在一种超生物族类的文化社会中，使动物性的身体活动（如游戏）和动物性的心理形式（如各种情感）具有了超动物性的"社会"内容，从而使人（人类与个体）作为本体的存在与动物界有了真正的区分，这即是说，在制造、使用工具的工艺—社会结构基础上，形成了"文化心理结构"[1]。

这种作为原始文化的图腾歌舞、巫术礼仪延续了一个非常长的历史时期。由出土的历史遗存物看，从那原始陶盆的舞蹈形象到殷周青铜鼎的动物纹样，像那口含人头表示"地天通"的饕餮[2]，就都与这种活动有关。从文献看，也如此：

"舞的初文是巫。在甲骨文中，舞、巫两字都写作**仌**，因此知道巫与舞原是同一个字。"[3]

"甲骨文中有多老舞字样[4]。据史家考证认为，多老可能是

①　参阅拙作《批判哲学的批判》。

②　K. C. Chang, *Art*, *Myth and Ritual*, Harvard University Press, 1983.

③　常任侠：《中国舞蹈史话》，上海，上海文艺出版社，1983，第 12 页。

④　《殷墟书契前编》。

● 兽面纹十字孔觚 ［商］

巫师的名字。"[1]

　　"卜辞中有不少关于雨舞的记载。云是求雨的专字，也就是后来的雩字……《周礼·司巫》载，若国大旱，则师巫而舞雩。"[2]

　　《周礼》关于"舞"的记载确乎非常之多，如《周礼·春

---

① 《中国古代舞蹈史话》，北京，人民音乐出版社，1980，第 8 页。
② 《中国古代舞蹈史话》，北京，人民音乐出版社，1980，第 9 页。

官宗伯》：

"……以乐舞教国子，舞云门、大卷、大咸、大磬、大夏、大濩、大武。以六律、六同、五声、八音、六舞、大合乐以致鬼神示，以和邦国，以谐万民，以安宾客，以说远人，以作动物。"

《尚书》有"击石拊石，百兽率舞"（《益稷》）、"敢有恒舞于宫，酣歌于室，时谓巫风"（《伊训》）等记述。《吕氏春秋》记载说："昔葛天氏之民，二人舞牛尾，投足而歌八阕。"

尽管像《周礼》是时代较晚的典籍文献，但它们所记载描述的，却可信是相当久远的历史真实①。这些记载都说明群体性的图腾舞蹈、巫术礼仪不但由来古远，而且绵延至久，具有多种具体形式，后来并有专职人员（"巫""乐师"等）来率领和领导。"巫"，据《说文》，便是"能事无形，以舞降神也，像人雨褎舞形"。这是以祭礼为主要核心的有组织的群体性原始文化活动。关于这种活动的内容、形式、种类、具体源起和演变，属于文化人类学或艺术社会学的范围，不在这里讨论之列。

哲学美学感兴趣的仍在于：由个体身心直接参与、具有生物学基础的动物游戏本能，如何能与上述这种社会性文化意识、观念相交融渗透，亦即是个人身心的感性形式与社会

---

① 参阅杨宽：《古史新探》，北京，中华书局，1964.

文化的理性内容,亦即"自然性"与"社会性"如何相交融渗透。Schiller(席勒)等人早讲过所谓感性的人、理性的人以及感性冲动、形式冲动等,但问题在于如何历史具体地来解说这两者(感性与理性、自然与社会、个体与群体)的统一。

我以为,正是在原始的图腾舞蹈中,清楚地显示了这两者交叉会合的最初形式。原始的图腾舞蹈把各个本来分散的个体的感性存在和感性活动,有意识地紧密连成一片,融为一体,它唤起、培育、训练了集体性、秩序性在行为中和观念中的建立,同时这也就是对个体性的情感、观念等的规范化。而所有这些,又都是与对虚构的神灵世界的巫术支配或崇拜想象连在一起的。其中既包含智力活动的萌芽,同时却又是本能情感的抒发和宣泄。Susanne Langer(苏珊·朗格)说:"舞蹈是原始生活最为严肃的智力活动,它是人类超越自己动物性存在那一瞬间对世界的观照,也是人类第一次把生命看作一个整体——连续的、超越个人生命的整体。"[①]"在舞蹈的沉迷中,人们跨过了现实世界与另一个世界的鸿沟,走向了魔鬼、精灵与上帝的世界。"[②]在如醉如狂、热烈激荡的图腾歌舞中,在神秘的巫术礼仪的面罩下,动物性的本能游戏、自然感官和生理感情的兴奋宣泄与社会性的要求、规范、规定,

---

① 苏珊·朗格:《情感与形式》,北京,中国社会科学出版社,1986,第217页。
② 同上书,第218页。

开始混同交融，彼此制约，难分难解。这里有着个体身心的自然性、动物性的显示、抒发、宣泄，然而就在同时，这种自然性、动物性却正在开始"人化"：动物性的心理由社会文化因素的渗入，转化而成为人的心理；各种人的心理功能——想象、认识、理解等智力活动在产生，在萌芽，在发展，并且与原有的动物性的心理功能如感知、情感在联系，在交融，在组成，在混合。而这一切，比在直接的物质生产活动（狩猎、采集、栽培……）中，要远为集中、强烈、充分、自觉。因为巫术图腾活动把在现实生产活动中和生活活动中各种分散的、零碎的、个别的事例、过程、因素集中地组织、构造起来了。所以，巫术礼仪和图腾活动在培育、发展人的心理功能方面，比物质生产劳动更为重要和直接。图腾歌舞、巫术礼仪是人类最早的精神文明和符号生产。

这个精神文明、符号生产，如前所述，当然不止是审美。但是，它有审美的因素和方面。这个所谓审美的因素和方面，就是感知愉快和情感宣泄的人化，亦即动物性的愉快（官能感受愉快和情感宣泄愉快）的社会化、文化化。不同于外在行动规律的理性的内化（如逻辑观念）[1]，也不同于群体目的要求的理性的凝聚（从原始禁忌到道德律令）[2]，审美是社会性的

---

① 参阅拙作《我的哲学提纲·关于主体性的补充说明》。
② 同上。

东西（观念、理想、意义、状态）向诸心理功能特别是情感和感知的积淀。这里，便恰巧与"羊大则美"含义，即《说文解字》训"美"为"味甘"（好吃）相联系起来了。

　　从人类审美意识的历史发展来看，最初对与实用功利和道德上的善不同的美的感受，是和味、声、色所引起的感官上的快适分不开的。其中，味觉的快感在后世虽然不再被归入严格意义的美感之内，但在开始却同人类审美意识的发展密切相关。这从字源学上也可以清楚地看到。如德文的 Geschmack 一词，既有审美、鉴赏的含义，也有口味、味道的含义。英文 taste 一词也是这样。……在中国，美这个字也是同味觉的快感联系在一起的。西汉以后的中国文艺理论批评的许多著作，如锺嵘和司空图关于诗歌的著作，还常常将"味"同艺术鉴赏相连。"味"同人类早期审美意识的发展有如此密切的关系，并一直影响到今后，决不是偶然的。根本的原因在于味觉的快感中已包含了美感的萌芽，显示了美感所具有的一些不同于科学认识或道德判断的重要特征。首先，味觉的快感是直接或直觉的，而非理智的思考。其次，它已具有超出功利欲望满足的特点，不仅仅要求吃饱肚子而已。最后，它同个体的爱好兴趣密切相关。这些原因，使得人类最初从味觉的快感中感受到了一种和科学的认识、实用功利的满足以及道德的考

虑很不相同的东西，把"味"与"美"联系在一起。^①

　　饥饿的人常常不知食物的滋味，食物对他（她）只是填饱肚子的对象，只有当人能讲究、追求食物的味道，正如他们讲究、追求衣饰的色彩、式样而不是为了蔽体御寒一样，才表明在满足生理需要的基础上已开始萌发出更多一点的东西。这个"更多一点的东西"固然仍紧密与自然生理需要连在一起，但是比较起来，它们比生理基本需要却已表现出更多接受了社会文化意识的渗入和融合。例如，据说原始民族喜欢强烈的色调如红、黄之类，这一方面固然可能与他们的自然感官的感受能力有关，但这种生理感受由于与血、火这种对当时

---

　　① 李泽厚、刘纲纪:《中国美学史》第 1 卷，第 79—81 页。关于后世以"味"来作为文艺品评的极多，略举一二:

　　葛洪:"五味舛而并甘，众色乖而皆丽。"（《抱朴子外篇·辞义》）

　　陆机:"阙大美之遗味……固既雅而不艳。"（《文赋》）

　　刘勰:"余味曲包。"（《文心雕龙·隐秀》）

　　锺嵘:"五言居文词之要，是众作之有滋味者也。"（《诗品序》）

　　司空图:"辨于味而后言语""味在酸咸之外""味外之旨。"（《与李生论诗书》）

　　欧阳修:"近诗尤古硬，咀嚼苦难嚼，又如食橄榄，真味久愈在。"（《六一诗话》）

　　苏轼:"咸酸杂众好，中有至味永。"（《送参寥师》）

　　严羽:"读骚之久，方识真味。"（《沧浪诗话》）

　　至明清，如谢榛、胡应麟、王世贞、叶燮、王士祯、袁枚、刘熙载诸批评大家讲"味"亦不绝。

● 红色葡萄园 ［荷兰］梵高

群体生活有突出意义的社会意识交织融合在一起，使原始人的这种感受不自觉地积淀了新的内容，而不只是纯动物性的反应了。自然的感性的形式开始渗入了社会（文化）的意义和内容。"……原始人群之所以染红穿戴、撒抹红粉，已不是对鲜明夺目的红颜色的动物性的生理反应，而开始有其社会性的巫术礼仪的符号意义在。也就是说，红色本身的想象中被赋予了人类（社会）独有的符号象征的观念含义，从而，它（红色）诉诸当时原始人群的便不只是感官愉快，而是其中参与了、储存了特定的观念意义了。在对象一方，自然形式（红的色彩）里已经积淀了社会内容；在主体一方，官能感受（对红色的感觉愉快）中已积淀了观念性的想象、理解。"[1] 与感官直接相连的各种自然形式的色彩、声音、滋味（洛克所谓的事物的"第二性质"），就这样开始了"人化"。

如果说，前面解"羊人为美"为图腾舞蹈时，着重讲的是社会性的建立规范和它向自然感性的沉积，那么，这里讲"羊大则美"为味甘好吃时，着重讲的便是自然性的塑造陶冶和它向人的生成。就前者说，是理性存积在非理性（感性）中；就后者说，是感性中有超感性（理性）。它们从不同角度表现了同一事实，即"积淀"。"积淀"在这里是指人的内在自然（五官身心）的人化，它即是人的"文化心理结构"的逐渐形成。

我非常欣赏和赞同 C. Geertz（克利福德·格尔茨）的一些看法。他曾强调指出文化模式对形成人和所谓"人性"具有的决定性的作用，指出生理因素与文化因素的交融；后者给予前者以确定的形式，并促进前者的形成和发展，等等。[2] 我与 C. Geertz 相区别的一点是，我特别重视而 C. Geertz 似未注意"使用—制造物质工具以进行生产"这一根本活动在形成人类——文化——人性中的基础位置。因这问题不属本书

---

① 拙作《美的历程》第 1 章。

② 参阅 C. Geertz, *The Interpretation of Cultures*，第 1、2 章。

范围，这里便不讨论了。

如前所交代，这个自然身心的"人化"过程和人类的文化心理结构的形成，是一个异常漫长的历史行程。它反映到历史材料和理论意识上，已经相当之晚。从中国文献说，春秋时代大量的关于"五味""五色""五声"的论述，可以看作是这种成果的理论记录。因为把味、声、色分辨、区别为五类，并与各种社会性的内容、因素相联系相包容，实际是在理论上去建立和论证感性与理性、自然与社会的统一结构，这具有很重要的哲学意义。"五行的起源看来很早，卜辞中有五方（东南西北中）观念和'五臣'字句；传说殷周之际的《洪范·九畴》中有五材（水火金木土）的规定。到春秋时，五味（酸苦甘辛咸）、五色（青赤黄白黑）、五声（角徵宫商羽）以及五则（天地民时神）、五星、五神等已经普遍流行。人们已开始以五为数，把各种天文、地理、历算、气候、形体、生死、等级、官制、服饰……种种天上人间所接触到、观察到、经验到并扩而充之到不能接触、观察、经验到的对象，以及社会、政治、生活、个体生命的理想与现实，统统纳入一个齐整的图式中。……这个五行宇宙图本身就包含有理性和非理性两方面的内容……"①

从美学看，这种宇宙（天）——人类（人）统一系统的意

———————————

① 拙著《中国古代思想史论》，北京，人民出版社，1986，第159—160页。

义就在，它强调了自然感官的享受愉快与社会文化的功能作用的交融统一，亦即上述"羊大则美"与"羊人为美"的统一。在孔、孟、荀这些中国古代大哲人那里，便经常把味、色、声连在一起来讲人的愉快享受，如：

> 子在齐闻韶，三月不知肉味，曰不知为乐之至于斯也。（《论语·述而》）
>
> 口之于味也，有同嗜焉；耳之于声也，有同听焉；目之于色也，有同美焉。（《孟子·告子上》）
>
> 故人之情，口好味而臭味莫美焉，耳好声而声乐莫大焉，目好色而文章致繁，妇女莫众焉……（《荀子·王霸》）

尽管这里面有许多混杂，例如把生理欲求、社会意识和审美愉悦混在一起，但有一点似乎很清楚，这就是中国古人讲的"美"——美的对象和审美的感受是离不开感性的；总注意美的感性的本质特征，而不把它归结于或统属于在纯抽象的思辨范畴或理性观念之下。华夏美学没有 Plato（柏拉图）的理式论而倒更接近于西方近代的 Aesthetics（感觉学，关于感性的学问）。

这也表明，从一开始，中国传统关于美和审美的意识便不是禁欲主义的。它不但不排斥而且还包容、肯定、赞赏这种感性——味、声、色（包括颜色和女色）的快乐，认为这是"人情之常"，是"天下之所同嗜"。

但是，另一方面，对这种快乐的肯定又不是酒神型的狂放，它不是纵欲主义的。恰好相反，它总要求用社会的规定、制度、礼仪去引导、规范、塑造、建构。它强调节制狂暴的感性，强调感性中的理性，自然性中的社会性。儒家所谓"发乎情止乎礼义"，就来源于此，来源于追求"羊大则美"与"羊人为美"、感性与理性、自然与社会相交融统一的远古传统。它终于构成后世儒家美学的一个根本主题。但这个主题是经过原始图腾巫术活动演进为"礼""乐"之后，才在理论上被突出和明确的。

2."乐从和":情感与形式

　　远古图腾歌舞、巫术礼仪的进一步完备和分化，就是所谓"礼""乐"。它们的系统化的完成大概在殷周鼎革之际。"周公制礼作乐"的传统说法是有根据的。周公旦总结地继承、完善从而系统地建立了一整套有关"礼""乐"的固定制度。王国维《殷周制度论》强调殷周之际变革的重要性，其中主要便是周公确立嫡长制、分封制、祭祀制即系统地建立起"礼制"，这在中国历史上确具有划时代的意义。近三十年的许多论著常仅从一般社会形态着眼，忽视了古代"礼制"建立这一重要史实。其实，孔子和儒家之所以极力推崇周公，后代则以周、孔并称，都与此有关，即周公是"礼乐"的主要制定者，孔子是"礼乐"的坚决维护者。

　　"礼""乐"都与美学相关联。

　　首先是"礼"。"礼"在当时大概是一套从祭祀到起居，从军事、政治到日常生活的制度等礼仪的总称。实际上就是未成文的法，是远古氏族、部落要求个体成员所必须遵循、执行的行为规范。从而，它的基本特点便是从外在行为、活动、动作、仪表上对个体所作出的强制性的要求、限定和管理，通过这种对个体的约束、限制，以维护和保证群体组织的秩序和稳定。这种"礼"到殷周，最主要的内容和目的便在于维护已有了尊卑长幼等级制的统治秩序，即孔子所谓的"君君臣臣父父子子"。每个个体以其遵循的行为、动作、仪式来标志和履行其特定的社会地位、职能、权利、义务。今天也许奇怪写定于汉代的儒家经典《礼仪》一书为何那样细密繁琐，从祭祀婚丧到"士见面礼"，有各种位置、次序、动作甚至一举手一投足的非常细致的明确规定。尽管可能渗入了后世某些理想成分，但我认为，出现在汉代的"三礼"（《仪礼》《周礼》《礼记》）的主要部分正是保留了许多自上古至殷周的所谓"礼制"——即以祭礼活动为核心的图腾活动、巫术礼仪等具体制度和规范，它们正是自上古到殷周的某些"礼制"的具体遗迹。如果参阅现代学者关于文化人类学的研究论著，便可知道各原始民族都曾有过与《仪礼》类似的那种种严格细密的巫术礼仪的程式。[1]

古代文献关于"礼"的大量描述论述，从不同方面都反

---

[1] 如 Ruth Benedict（鲁思·本尼迪克特，《菊与刀》作者），*Patterns of Culture*，第 4、5、6 章。

映出"礼"并不是儒家空想的理想制度（如某些论著所认为），而是一个久远的历史系统。从孔子起的儒家正是这一历史传统的承继者、维护者、解释者。

在这一意义上，Herbert Fingarette[①] 的说法有其正确性。他强调孔子的中心思想是"礼"，"礼"是"神圣的仪式"，具有巫术（magic）性质，正是"礼"培育出人性，是人性的根源。[②]H. Fingarette 强调孔子不是从个体、从内心出发，而是从这种超个体并塑造个体的生活规范——"礼"出发，"最高价值是据道依仁的生活，而非个体存在"。[③]H. Fingarette 说法的价值在于点出了儒家思想具有巫术礼仪的根源这一历史真实。Benjamin Schwartz[④] 不同意 H. Fingarette 的看法，但他也指出，商以鬼神为先，而周置"礼"于首位，并以印度宗教演进为例，说明敬神的仪式逐渐比神本身还重要。[⑤]这也意味着"礼"的过程本身具有至高无上的作用，正是"礼"本身直接塑造、培育着人，人们在"礼"中使自己自觉脱离

---

① Herbert Fingarette（赫伯特·芬格莱特）：美国学者，著有《孔子：即凡而圣》。

② Herbert Fingarette，*Confucius：The Secular as Sacred,*，New York，1972.

③ H. Fingarette，*The Music of Humanity in the Conversation of Confucius*；*Journal of Chinese Philosophy*，1983，p. 333.

④ Benjamin Schwartz（本杰明·史华慈）：美国学者，著有《古代中国的思想世界》。

⑤ Benjamin Schwartz，*The World of Thought in Ancient China*，Harvard University Press，1986，pp. 49—50.

动物界。所以，似乎是规范日常生活的"礼"，却具有神圣的意义和崇高的位置。C. Geertz 曾根据原始民族的爪哇材料说，"作为人不只是呼吸而已，而是要以一定技术来控制自己的呼吸，以便在呼吸中听到神的名字……"[1]儒家的"礼"也有这种原始根源，即在规范了的世俗生活中去展示神圣的意义。

"礼"既然是在行为活动中的一整套的秩序规范，也就存在着仪容、动作、程式等感性形式方面。这方面与"美"有关。所谓"习礼"，其中就包括对各种动作、行为、表情、言语、服饰、色彩等一系列感性秩序的建立和要求。像《论语·乡党》里描写孔子那样，"孔子于乡党，恂恂如也，似不能言者。其在宗庙朝廷，便便言，唯谨尔。朝与下大夫言，侃侃如也；与上大夫言，訚訚如也"；"立不中门，行不履阈"；"君子不以绀緅饰，红紫不以为亵服"，等等。这些都属于"礼"，属于那"神圣的仪式"。这"礼"的社会功能在于维护上下尊卑的统治体制，其文化形式则表现为个体的感性行为、动作、言语、情感都严格遵循一定的规范和程序，像 C. Geertz 所说的某些原始民族控制呼吸那样。这即是所谓"知礼"。《左传·昭公二十五年》说，"故人之能自曲直以赴礼者，谓之成人"。《论语》说，"立于礼"。这些都是说，人必须经过"礼"的各种训练，人只有在"礼"中才能建立和成熟为

---

① C. Geertz, *The Interpretation of cultures*, p. 53.

人，以获得人性。这种人性实际即是原始群体、氏族、部族所历史具体地要求的社会性。古人所谓"礼以行之"，所谓"非礼勿视，非礼勿听，非礼勿言，非礼勿动"，在当时，是具有严重的或神圣的意义的。它们都说明，"礼"是要求去直接约束、主宰、控制个体的感性行为、活动、言语和感官感受的。

这里，重要的是，具有"神圣"性能的"礼"在主宰、规范、制约人的行为、动作、言语、仪容等人的各种身体活动和外在方面的同时，便对人的内在心理（情感、理解、想象、意念）起着巨大作用。《左传》那段非常著名的对"礼"的说明，可以证实这一点，其全文如下：

> 子大叔见赵简子。简子问揖让周旋之礼焉。对曰："是仪也，非礼也。"简子曰："敢问何谓礼。"对曰："吉也闻诸先大夫子产曰，夫礼，天之经也，地之义也，民之行也。天地之经，而民实则之，则天之明，因地之性，生其六气，用其五行，气为五味，发为五色，章为五声，淫则昏乱，民失其性。是故为礼以奉之。为六畜、五牲、三牺，以奉五味；为九文、六采、五章，以奉五色；为九歌、八风、七音、六律，以奉五声；为君臣、上下，以则地义；为夫妇、外内，以经二物；为父子、兄弟、姑、甥舅、昏媾、姻亚，以象天明；为政事、庸力、行务，以从四时；为刑罚、威

狱，使民畏忌，以类其震曜杀戮；为温慈、惠和，以效天之生殖长育。民有好恶喜怒哀乐，生于六气。是故审则宜类，以制六志。哀有哭泣，乐有歌舞，喜有施舍，怒有战斗。喜生于好，怒生于恶。是故审行信令，祸福赏罚，以制死生。生，好物也。死，恶物也。好物，乐也。恶物，哀也。哀乐不失，乃能协于天地之性，是以长久。"简子曰："甚哉，礼之大也。"对曰："礼，上下之纪，天地之经纬也，民之所以生也。是以先王尚之。故人之能自曲直以赴礼者，谓之成人。大，不亦宜乎。"简子曰："鞅也请终身守此言也。"（《左传·昭公二十五年》）

这说明，"礼"不只是"仪"而已，它是上节讲过的由原始巫术而来的那宇宙（天）——社会（人）的统一体的各种制度、秩序、规范，其中便包括对与生死联系着的人的喜怒哀乐的情感心理的规范。杜预注说："为礼以制好恶喜怒哀乐六志，使不过节。"孔颖达疏说："此六志，《礼记》谓之六情。在己为情，情动为志，情、志一也。"《礼记·中庸》说，"喜怒哀乐之未发，谓之中；发而皆中节，谓之和。""发而皆中节"与杜注的"使不过节"是一个意思，都是指人的各种情感心理也必须接受"礼"的规范、要求、塑造。《中庸》被称为子思的作品，它作为儒家重要经典的地位无可怀疑。《中庸》把人的情感心理的"发而皆中节"提到远远超过"礼"的一般解释的哲学高度，所突出的正是人的内在本性和个体修养。它"完全以人的意识修养为中心，主要是对内在人性心灵的形而上的发掘"。[①]"从而君臣父子夫妇兄弟朋友的外在社会的伦常秩序（'五达道'）反过来必须依赖于内在的'知、仁、勇'（'三达德'）的主观意识修养才能建立和存在。"[②]与孔子引"礼"归"仁"的基本观点一致，儒家明显地发展了"礼"与内在心理的重要关系，强调后者是根本，是基础。这是一种并不符合历史真实的解释，却成为一个具有重大理论意义的创造性的"突破"（breakthrough）（详见下章）。

现代新儒家梁漱溟、冯友兰也注意"礼"与人的心理情感的联系和从而具有的功能、价值。冯友兰指出，儒家崇奉的"礼"，实际上是表达主观情感的"诗"和"艺术"："儒家对于祭祀之理论，亦全就主观情感方面立言，祭祀之本意，依儒家之眼光观之，亦只以求情感之慰安。"[③]"儒家所宣传的丧礼祭礼，是诗与艺术而非宗教。"[④]冯友兰论证丧礼、祭礼（"礼"的首要部分）与表达、宣泄、满足人的感情，服务于人类作为生物群体存在有关。所以它才不是偏重于灵魂超脱的宗教，而是与感性存在密切相关的"艺术"。梁漱溟说："人

---

① 拙作《中国古代思想史论》，北京，人民出版社，1986，第 131 页。
② 同上书，第 131—134 页。
③ 《三松堂学术文集》，北京，北京大学出版社，1984，第 139 页。
④ 同上书，第 136 页。

类远离于动物者，不徒在其长于理智，更在其富于情感。情感动于衷而形著于外，斯则礼乐仪文之所以出，而为其内容本质者。儒家极重礼乐仪文，盖谓其能从外而内，以诱发涵养乎情感也。必情感敦厚深醇，有发抒，有节蓄，喜怒哀乐不失中和，而后人生意味绵永，乃自然稳定。"①

这些说法虽然都不是真正的历史解释，但它们正确提出了"礼"与心理情感是有重要关联的。但是，"礼"无论如何又总是从外面来的规范、约束的秩序，它与人作为血肉身心之躯的个体自然性的关系，实际上经常处在一种对峙的状态中，即"礼"对人的身心的塑造和作用是从外面硬加上来的，是一种强制性的规定、制度，它与人的自然性的感官感受和情欲宣泄并没有直接的必然联系。特别是当"礼"一方面在内容上逐渐演化成为特定的法规、制度，另一方面在形式上又日渐沦为纯粹的外表、仪容的时候，它与人的内在心理情感的联系就更为稀疏甚至脱节了。从而，本来将理性、社会性交融在感性、自然性之中的原始的巫术图腾活动，发展定型为各种礼制之后，这个交融的方面便不得不由与"礼"并行的"乐"来承担了。所以，一方面对"礼"的规定解释还是无所不包，如上面引述的《左传》;但另一方面，"礼""乐"

---

① 《儒佛异同论》，见《中国文化与中国哲学》第 1 辑，北京，东方出版社，1986，第 441 页。

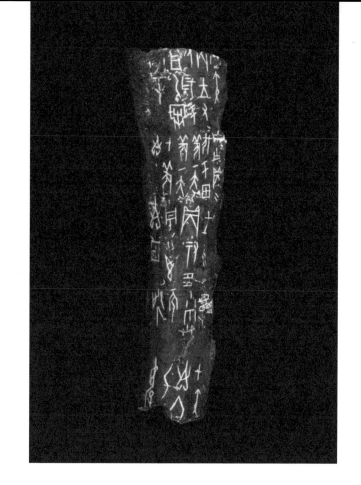

● 殷王武乙贞问祭祀先公先王刻辞卜骨

并提，又显示它们二者确实有所分化和分工。

"乐"本字，甲骨文作，据最近有人考证，原意大概是谷物成熟结穗，与人对农作物的收获和喜庆有关，然后引申为喜悦感奋的心理情感。[①]《说文》说，"乐，五声八音总名，像鼓鞞木虞也"，后世对"乐"字作乐器的解说也相当流行。从出土文物看，中国上古的乐器的确已相当完善发达，1978

---

① 修海林：《乐之初义及其历史沿革》，《人民音乐》1986 年第 3 期。

年出土的湖北随县曾侯乙墓编钟距今 2400 年，能演奏复杂的乐曲。从演进程度看，可知乐器起源极早。文献上则有更多的古老传说。例如："故乐之所由来者尚矣，非独为一世之所造也。"（《吕氏春秋·仲夏纪》）"昔葛天氏之乐……昔陶唐氏……作为舞以宣导之。昔黄帝令伶伦作为律……帝喾命咸黑作为声歌九招六列六英……"（同上）。《周礼》中多有"乃奏黄钟，歌大吕，舞云门以祀天神，乃奏大簇，歌应钟，舞咸池以祭地祇"（《周礼·春官·大司乐》）等记载，都表明"乐"与舞、歌连在一起，是以祭祀——祭祖先神灵为核心或主要内容的。这与"礼"本来就是同一回事。"制礼作乐"本也是同时进行的。但"礼乐"相提并论，毕竟表现了二者既统一又分化、既合作又分工的特征。这在后来某些文献中，就表达得异常明确了。《礼记·乐记》和荀子《乐论》都说："乐由中出，礼自外作。""乐统同，礼辨异。""乐者，天地之和也；礼者，天地之序也。和，故万物谐化；序，故群物皆别。""礼义立，则贵贱等矣；乐文同，则上下和矣。""乐极和，礼极顺，内和而外顺。""乐也者，情之不可变者也；礼也者，理之不可易者也。""致乐以治心"，"治礼以治躬"等，异常明确地指明：与"礼"从外在方面来规范不同，"乐"只有直接诉诸人的内在的"心""情"，才能与"礼"相辅相成。而"乐"的特点在于"和"，即"乐从和"。"乐"为什么要"从和"呢？因为"乐"与"礼"在基本目的上是一致或相通的，都在维护、巩固群体既定秩序的和谐稳定。

> 是故先王之制礼乐也，非以极口腹耳目之欲也，将以教民平好恶，而反人道之正也。（《礼记·乐记》）律小大之称，比终始之序，以象事行，使亲疏贵贱长幼男女之理，皆形见于乐。（同上）

具体一点说：

> 是故乐在宗庙之中，君臣上下同听之，则莫不和敬；在族长乡里之中，长幼同听之，则莫不和顺；在闺门之内，父子兄弟同听之，则莫不和亲。故乐者，……所以合父子君臣，附亲万民也，是先王立乐之方也。（同上）

这就是"乐从和"第一层含义。这一层含义与"礼"是相一致的。第二，"乐"与"礼"之不同在于，它是通过群体情感上的交流、协同和和谐，以取得上述效果。从而，它不是外在的强制，而是内在的引导；它不是与自然性、感性相对峙或敌对，不是从外面来主宰、约束感性、自然性的理性和社会性，而是就在感性、自然性中来建立起理性、社会性。从而，以"自然的人化"角度来看，"乐"比"礼"就更为直接和关键。"乐"是作为通过陶冶性情、塑造情感以建立内在人性，来与"礼"协同一致地达到维系社会的和谐秩序。"乐从和"的第三层含义是，它追求的不仅是人际关系中的上下长幼、尊卑秩序的"和"（"上下和"），而且还是天地神鬼与人间世界的"和"（"天地和"）。"乐"既来源于祭祀，而又效用于人际，所以它所追求的不仅是人间关系的协同一致，而且是天人关系的协同一致。而所有这种人际——天人的"和"，又都是通过个体心理的情感官能感受（音乐是直接诉诸官能和情感的）的"和"（愉快）而实现的。

那么怎样才能做到这一点呢？"乐"如何能使人际和天人相和谐一致以表现这第二、三层含义呢？

如果去掉古代所不可避免的神秘解释，其关键就在：要把（一）音乐（以及舞蹈、诗歌）的节律与（二）自然界事物的运动和（三）人的身心的情感和节奏韵律相对照呼应，以组织、构造一个相互感应的同构系统。如前所指出，在以五行为核心的宇宙观盛行的春秋战国以至汉代，味、色、声便都被区分为"五"而构造出一个相互对应的宇宙——人际的结构系统。其中，第一，指出了"和实生物，同则不继"，"声一无听，物一无文，味一无果"（《国语·郑语》），即是说，单一不能构成"和"，"和"必须是多样性的统一；第二，这种统一特别表现为对立因素的"相济"："先王之济五味，和五声也，以平其心，成其政也。声亦如味……清浊、大小、短长、疾徐、哀乐、刚柔、迟速、高下、出入、周疏，以相济也。君子听之，以平其心，心平德和。"（《左传·昭公二十年》）可见，所谓"和"主要表现为多样性的"相杂"和对立项的"相济"。整个世界、事物、社会以及人的情感本身就是多样的矛盾统一体，"乐"也应该如此。音乐的"和"与人际的"和"、宇宙的"和"便是这样同构一致，才能相互感应的。从而，音乐的"和"被夸扬为能使"气无滞阴，亦无散阳，阴阳序次，风雨时至，嘉生繁祉，人民和利……神是以宁，民是以听"（《国语·周语下》）。这固然仍是图腾巫术通神人的观念遗存；但也表达了音乐应该与整个宇宙和人际关系的合规律性相一致的重要思想。所谓"政象乐，乐从和，和从平"（同上）；"物得其常曰乐极，极之所集曰声，声应相保曰和，细大不逾曰平"（同上），"乐"所追求的是社会秩序、人体身心、宇宙万物相联系而感应地谐和存在，彼此都"适度"（"细大不逾"）地相互调节、协同、沟通和均衡。这就是"平"，就是"和"。

　　既然"乐"是直接发自内心，源于情感，这种情感是由外物而引起，是"感于物而动"的，那么"乐"所追求的"和"，就必须与对情感的具体考察联系起来。因为所谓陶冶性情、塑造情感，也就是给情感以一定的形式。内在情感的形式不可见，可见的正是对应于这些情感的艺术的形式。于是关于"乐从和"等的探讨便落实到情感形式的寻求。S. Langer（苏珊·朗格）曾以"情感的形式"来定义艺术，她指出这些形式不是个体的情感表现，而是一种普遍性的生命节律，所以它是一种非推论性的"逻辑"，即情感的逻辑。[1]"音乐能够通过自己动态结构的特长，来表现生命经验的形式，而这点是极难用语言来传达的。情感、生命、运动和情绪，组成了音乐的意义。……所有音乐理论的基本命题便都可以扩展到其他艺术领域。"[2]音乐以及整个艺术并不只是个体情感的自我表现，而是某种普遍性的情感形式，这一基本观点与中国古代美学思想传统是比较接近的。

中国古代的"礼乐传统"对普遍性的情感形式作了某些虽原始却具体的探讨。例如：

> 其哀心感者，其声噍以杀。其乐心感者，其声啴以缓。其喜心感者，其声发以散。其怒心感者，其声粗以厉。其敬心感者，其声直以廉。其爱心感者，其声和以柔。(《礼记·乐记》)

> 是故，志微噍杀之音作，而民思忧；啴谐慢易、繁文简节之音作，而民康乐；粗厉猛起、奋末广贲之音作，而民刚毅；廉直劲正庄诚之音作，而民肃敬；宽裕肉好顺成和动之音作，而民慈爱；流辟邪散狄成涤滥之音作，而民

---

① 参阅苏珊·朗格：《情感与形式》《艺术问题》。
② 苏珊·朗格：《情感与形式》，北京，中国社会科学出版社，1986，第42页。

淫乱。(同上)

> 宽而静、柔而正者宜歌颂；广大而静、疏达而信者宜
> 歌大雅；恭俭而好礼者宜歌小雅；正直而静廉而谦者宜歌
> 风；肆直而慈爱者宜歌商；温良而能断者宜歌齐。(同上)
> ……

所有这些，都在指出一定的声音、乐曲，一定的舞、歌、诗，与人一定的情感、性情相联系，这种联系有特定规律可循。它们具有共同的普遍形式。通过各自不同的特定的乐、舞、歌、诗的艺术形式便可以呼唤起、表达出和作用于特定的不同的情感。这样，乐、舞、歌、诗的各种不同的体裁、格调、模式、惯例，便正是各种不同的情感形式。从而，对情感的塑造陶冶，便具体地体现为对艺术形式的讲求，亦即重视各种艺术形式如何对应于、作用于、符合于各种不同的情感性格。艺术形式具有物质外壳（声音、姿态、言语、节律……），是可捉摸可确定的，情感则是至今还难以具体分析把握的对象。那么，"乐从和"所讲求身心、人际和天人的和谐，具体表现在情感形式的艺术（"乐"）上，又应该是怎样的标准尺度呢？这就是：

> 至矣哉！直而不倨，曲而不屈，迩而不偪，远而不携，
> 迁而不淫，复而不厌，哀而不愁，乐而不荒，用而不匮，
> 广而不宣，施而不费，取而不贪，处而不底，行而不流。

五声和，八风平，节有度，守有序，盛德之所同也。(《左传·襄公二十九年》)

这是"A而非A±"即"中庸"的哲学尺度，即所谓"乐而不淫，哀而不伤，怨而不怒"，亦即"温柔敦厚"。也就是说，这个标准尺度所要求的，是喜怒哀乐等内在情感都不可过分，过分既有损于个体身心，也有损于社会稳定。音乐和各种艺术的价值、功能就在去建造这样一种普遍性的情感和谐的形式。所以，一方面，"乐者，乐也，人情之所不能免也。乐必发于声音，形于动静，人之道也……故人不耐无乐。"(《礼记·乐记》)"耐"是古"能"字，即人不能无乐，乐是人道、人性。另一方面，"满而不损则溢，盈而不持则倾，凡作乐者所以节乐。"(《史记·乐书》)《史记正义》解后一个"乐"字说，"音洛，言不乐至荒淫也。"也就是说，人需要乐（快乐、音乐），但不能过分。"夫物之感人无穷，而人之好恶无节，则是物至而人化物者也，人化物也者，灭天理而穷人欲者也……此大乱之道也，是故先王之制礼乐，人为之节。"(《礼记·乐记》)具体地说，则是"使其曲直、繁瘠，廉肉、节奏足以感动人之善心而已矣，不使放心邪气得接焉，是先王之乐之方也"。(同上)总之，"以道制欲则乐而不乱，以欲忘道则惑而不乐"(同上)，这就是作为艺术的乐曲与作为情感的快乐必须保持"和"的基本规范。这个"和"既是满足"人之所不免"的快乐要求，同时又是节制它的。这两者统一于通过"和"的标准来塑造、陶冶人的感情。所以，从一开始，华夏美学便排斥了各种过分强烈的哀伤、愤怒、忧愁、欢悦和种种反理性的情欲的展现，甚至也没有像亚里士多德那种具有宗教性的情感洗涤特点的宣泄—净化理论。中国古代所追求的是情感符合现实身心和社会群体的和谐协同，排斥偏离和破坏这一标准的任何情感（快乐）和艺术（乐曲）。音乐是为了从内心建立和塑造这种普遍性的情感形式，这也就是"乐从和"的美学根本特点。尽管《乐记》是儒家典籍，但它记述的这些要求和事实，却是上古"礼乐传统"的真实。

Ruth Benedict（鲁思·本尼迪克特）曾依据一些原始民族的调查研究认为，从一开始，文化就有酒神型和日神型的类型差异。日神型的原始文化讲求节制、冷静、理智、不求幻觉，酒神型则癫狂、自虐、追求恐怖、漫无节制……它们各有其表达情感的特定方式，而世代相沿，形成传统。[①] 这一理论是否准确，非属本书范围。但对了解中国古代的"礼乐"传统却仍有参考价值。很明显，即使不说"礼乐"传统是日神型，但至少它不是酒神型的。Max Weber（马克斯·韦伯）也讲到过这一点。中国上古是一种非酒神型的原始文化。朱熹解说《诗经》时曾说："……且如《蟋蟀》一篇，本其风俗

---

① Ruth Benedict, *Patterns of Culture.*

勤俭，其民终岁勤劳，不得少休，及岁之暮，方且相与燕乐，而又遽相戒曰：'日月其除，无已太康'，盖谓今虽不可以不为乐，然不已过于乐乎？其忧深思远固如此。"（《朱子语类》卷80）这相当有代表性。近人常说华夏民族精神的特征为所谓"忧患意识"。《易·系辞》说"作易者,其有忧患乎"。从诗、书、礼、乐、易、春秋所谓六经原典来看，这种主冷静反思，重视克制自己，排斥感性狂欢的非酒神类型的文化特征，是很早便形成了。

这是优点，也是缺点。这种优缺点不是某种理论、学说、思想的优缺点，而是一种历史的事实和传统的存在。它是先于儒家和儒学的。所以，对待它便不是简单的肯定、否定或保存、扔弃，而首先是予以自觉认识和重新解释。概略说来，其优点方面是，由于自觉地、坚决地排斥、抵制种种动物性本能欲求的泛滥，使自然情欲的人化、社会化的特征非常突出：情欲变成人际之间含蓄的群体性的情感，官能感觉变成充满人际关怀的细致的社会感受。从而情感和感受的细致、微妙、含蓄、深远，经常成为所谓"一唱三叹""馀意不尽"的中国艺术的特征。所谓"叹"即"和声"，按朱熹的解释，"叹即和声"，"一人倡之，三人和之，譬如今人挽歌之类。"（同上）挽歌的问题，第四章还要谈到。总之，通过"乐"（古代的诗与乐本不可分），使人的自然情感社会化了。《乐记》说："乐由中出，礼自外作。乐由中出，故静；礼自外作，故文。"即要求以"静""文"来抑制动物性的本能冲动，以规范人的感情和动作。Freud 曾指出，现实原则战胜快乐原则是文明进步的必要条件。华夏文明发达成熟得如此之早，恐怕与"礼乐"传统的这一特点有关。

但是，另一方面，这种人化的范围又毕竟狭隘。现实原则对快乐原则的战胜，"超我"的过早的强大出现，使个体的生命力量在长久压抑中不能充分宣泄发扬，甚至在艺术中也如此。奔放的情欲、本能的冲动、强烈的激情、怨而怒、哀而伤、狂暴的欢乐、绝望的痛苦能洗涤人心的苦难、虐杀、毁灭、悲剧，给人以丑、怪、恶等难以接受的情感形式（艺术）便统统被排除了。情感被牢笼在、满足在、锤炼在、建造在相对的平宁和谐的形式中。即使有所谓粗犷、豪放、拙重、潇洒，也仍然脱不出这个"乐从和"的情感形式的大圈子。无怪乎现代的研究者要说："用西方人的耳朵听来，中国音乐似乎并没有充分发挥出表情的效力，无论是快乐或是悲哀，都没有发挥得淋漓尽致。"[①]"直到现在，中国民间歌曲多半还是用缺乏半音的五音调。……音乐心理学者认为半音产生紧张，而要求解除紧张，无半音的音乐则令人轻松安静。"[②]"歌曲有一个基本的凄婉情调，像煞是离人游子的思乡情调。这

① 项退结：《中国民族性研究》，台北，台湾商务印书馆，1966，第 88 页。
② 项退结：《中国民族性研究》，台北，台湾商务印书馆，1966，第 96 页。

种情调通常却不以绝望的哀音出之，而用一种'半吞半吐''欲语还休'的态度。一般说来，我国音乐往往由凄婉的感受而转变为乐天知命、和谐与自得其乐。我们的绘画与抒情诗也有同样的特质。"①

应该说，华夏艺术和美学的这些民族特征，在实践上和理论上都很早便开始了，它发源于远古的"礼乐传统"。

也正因为华夏艺术和美学是"乐"的传统，是以直接塑造、陶冶、建造人化的情感为基础和目标，而不是以再现世界图景唤起人们的认识从而引动情感为基础和目标，所以中国艺术和美学特别着重于提炼艺术的形式，而强烈反对各种自然主义。首先，音乐本来就要求有严格的形式规律——节奏、旋律、运动、结构，并且，音乐总有反复。如孔夫子那样，"子与人歌而善，必使反之，而后和之。"（《论语·述而》）诗歌也有所谓"一唱三叹"，要反复数次。后来，在任何艺术部类里，华夏美学都强调形式的规律，注重传统的惯例和模本，追求程式化、类型化，着意形式结构的井然有序和反复巩固。所有这些，都是为了提炼出美的纯粹形式，以直接锤炼和塑造人的情感。诗文中对格律、声调、韵律的讲求，书法、绘画对笔墨（笔之轻重缓急，墨之浓淡干湿等）的高度重视以及山如何画、水如何画的程式规定，《周礼·考工记》对

---

① 项退结：《中国民族性研究》，台北，台湾商务印书馆，1966，第98页。

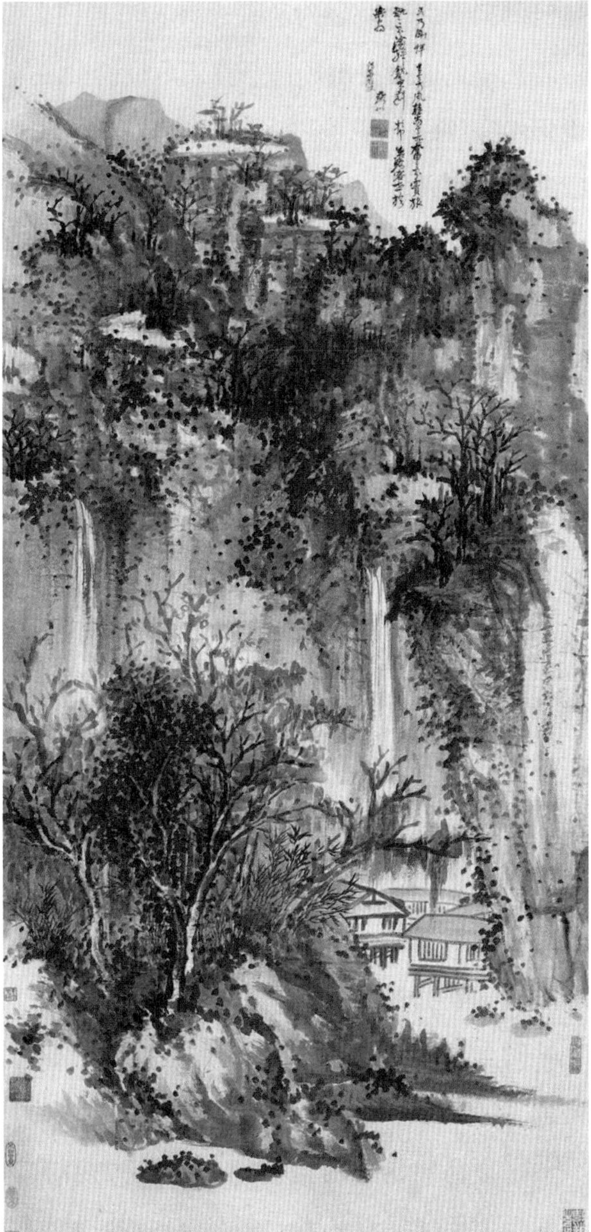

墨笔山水 〔明〕倪元璐

建筑的要求，如双轴对称的"井"形构图，都表明情感均衡的理性特色极为突出。甚至直到后世的浪漫风味的园林建筑，也仍然有各种"路须曲折""山要高低""水要萦回"等规范。戏曲中的程式化、类型化、模本化，则更为人所熟知。

为什么我们百听不厌那已经十分熟悉了的唱腔？为什么千百年来人们仍然爱写七律、七绝？为什么书法艺术历时数千年至今绵绵不绝？……因为它们都是高度提炼了的、异常精粹的美的形式。这美的形式正是人化了的自然情感的形式。"礼乐"传统就是为了建立这一形式。从哲学意义讲，这个形式使人具有了一个心理的本体存在。人在这个本体中认同自己是属于超生物性族类的普遍存在者。

也正因为以美的形式为塑造目标和标准尺度，忠实于描写现实事物图景的课题便毋宁处在外在的从属位置。即使现实图景的课题，也予以形式的美化。例如在京剧中，醉步也要美，百衲衣也要美……而许多直接引动情感官能的过分刺激或憎恶的事物图景，如流血创伤、死尸白骨、战争恐怖、苦难现实、强奸凶杀……便经常被排斥在外或基本避开。民族精神（非酒神型）与艺术特征（美）相应对照地表现了这一共同点。可见，华夏艺术和汉族人民追求"美"的习惯心理，是由来已久了。

这里还想指出的是，把"再现""表现"这两个西方美学概念应用于华夏艺术和美学时，应该特别小心。现在许多论著几乎异口同声说，西方艺术重"再现"（模拟），中国艺术重"表现"（表情）。①这种说法其实是不准确的。如前所述，中国古代的"乐"主要并不在要求表现主观内在的个体情感，它所强调的恰恰是要求呈现外在世界（从天地阴阳到政治人事）的普遍规律，而与情感相交流相感应。它追求的是宇宙的秩序、人世的和谐，认为它同时也就是人心情感所应具有的形式、秩序、逻辑。除了前述乐论之外，中国文论讲究的也是"日月叠璧，以垂丽天之象；山川焕绮，以铺理地之形，此盖道之文也。"（《文心雕龙·原道》）"言之文也，天地之心哉。"（同上）。中国画论讲究的是"图画非止艺行，成当与易象同体"，"以一管之笔，拟太虚之体，以判躯之状，尽寸眸之明"（王微《叙画》），"以通天地之德，以类万物之情"（韩拙《山水纯全集》）等，都是如此。所以，我们既可以说中国艺术是"再现"的，但它"再现"的不是个别的有限场景、事物、现象，而是追求"再现"宇宙自然的普遍规律、逻辑和秩序。同时又可以说它是"表现"的，但它所表现的并非个体的主观的情感、个性，而必须是能客观地"与天地同和"的普遍性的情感，即使是园林建筑也必须是"虽由人作，宛自天开"（计成《园冶》），这倒又是"模拟"自然、"再现"自然了。但在这模拟、再现中又仍然强调寓情于景，从

---

① 如周来祥的论著。

而创造出意境。难道这可以简单说是"再现"或"表现"吗？在西方那种对峙意义上的"再现""表现"的区分，在中国美学和艺术中并不存在。一般来说，中国艺术固然不同于西方那种细致模拟有限现实场景、故事的"再现"性的古典作品，也同样少有西方近代那种以强烈个性情感抒发为特征的"表现"性的作品。相对来说，中国作品中个性情感一般很不突出，大都是所谓"发乎情，止乎礼义"，它的情感表现中有比较具体和具象的自然的社会的再现内容，而它的这种再现具体现实又不离开情感的表达，这两者经常混同交融，合为一体。所以，华夏文艺及美学既不是"再现"，也不是"表现"，而是"陶冶性情"，即塑造情感，其根源则仍在这以"乐从和"为准则的远古传统。

3. "诗言志"：政治与艺术

从上面可以看出，古代华夏作为体制建构的"礼乐"传统，已使原始的巫术礼仪、图腾歌舞走上了非酒神型的发展道路和文化模式。它舍弃了那种狂热、激昂、急烈、震荡的情感宣泄和感官痛快，着重强调"和""平""节""度"，以服从和服务于当时社会秩序和人际关系。这种"秩序"和"关系"，也就是当时的政治。"礼乐"是与政治直接相关而连在一起的。这就是所谓"礼乐刑政，四达而不悖，则王道备矣"。(《礼记·乐记》)中国古代政治是伦理政教，即建立在父家长制血缘基础上的氏族贵族等级统治的体系。①

所以，在"乐从和"的美学理论中，有一个非常突出的特征，这便是通过情感塑造的中介，把艺术（"乐"）与政治直接地密切联系起来。"乐"之所以需要，首先是因为它"可

① 参阅拙著《中国古代思想史论》。

以善民心，其感人深，其移风易俗，故先王著其教焉。"（《礼记·乐记》）它认为，一方面，不同的音乐反映出不同的政治状态和社会氛围："治世之音安以乐，其政和；乱世之音怨以怒，其政乖；亡国之音哀以思，其民困；声音之道，与政通矣。"（同上）另一方面，不同的音乐甚至不同的乐器的音响又可以直接唤起不同的具体的政治认识：

> 钟声铿，铿以立号，号以立横，横以立武，君子听钟声，则思武臣；石声磬，磬以立辨，辨以致死，君子听磬声，则思封疆之臣；丝声哀，哀以立廉，廉以立志，君子听琴瑟之声，则思志义之臣；竹声滥，滥以立会，会以聚众，君子听竽笙箫管之声，则思畜聚之臣；鼓鼙之声欢，欢以立动，动以进众，君子听鼓鼙之声，则思将帅之臣。君子之听音，非听其铿锵而已也，彼亦有所合之也。（同上）

这种强将艺术（音乐）与政治直接拉在一起的简单论断，把许多不同的问题混在一起了。因为同情感有直接联系，音乐能反映出人民生活以及社会政治状况的差异，这有其非常合理的方面，各种不同的一定"铿锵"，会联想起或激唤起各种不同的情绪感受以至理性认识，也是存在的。但把音乐以至乐声和特定政治内容、政治要求、政治理念非常具体地联系起来，则显然是由夸张而完全失实了。在中国古代美学中，这种失实地夸扬艺术的政治内容、政治作用，也是由来已久，源远流长的。正如 Aristotle（亚里士多德）也有"中庸"观念一样，古希腊也有将音乐与道德直接联系起来的思想和理论，Aristotle 便认为音乐在节奏上和高低音的配合上都有类似于道德的性格。每一种乐调也被赋予伦理道德的性质，各种不同乐调是或温和或勇敢或忧伤或懒散的，于是听者便引起相应的反应和品格。[①] 这与上述中国理论相当接近。但在中国，它却被长期地坚持了下来，这除了儒家将这种观念定型化并作为基本的主体理论之外，恐怕更重要的是，它作为"礼乐"传统，已是一种长久的历史的事实存在，从而它的影响就更有习惯性的持续力量，不只是一种理论、学说或观念。根据"礼乐"传统，"乐"本来就是与"礼"并行的巩固社会政治秩序的工具，它本就具有鲜明强烈的政治功能和政治性质。以后各类艺术虽有分化，这一传统性能却一直成为对它们的基本要求。对音乐是如此，对诗文是如此，对绘画的要求，所谓"成教化，助人伦"，也还是如此。

中国的政治是伦理政治，美善不分或美善同一的观念非常持久。在各民族古代文献中，以"美"作"善"，二字等同使用的语言习惯本相当普遍，但在中国却一直遗留至今，例如所谓"五讲四美"。因此比较起来，中国美学强调美与善

---

① 参阅哈拉普：《艺术的社会根源》，北京，人民文学出版社，1951.

的联系分外突出。西方哲人也强调过美善的密切联系，例如Plato（柏拉图），但所以在中国分外突出，也还是因为有"礼乐"传统这个实在的历史传统的缘故。

从分化了的艺术部类说，如果比较一下《乐记》与《诗大序》，也很明白，《乐记》中那些"乐"必须服务于伦理政教的理论，同样延续和呈现在《诗大序》中：

> 诗者，志之所之也。在心为志，发言为诗。情动于中，而形于言，言之不足故嗟叹之，嗟叹之不足故永歌之，永歌之不足，不知手之舞之足之蹈之也。情发于声，声成文谓之音。治世之音安，以乐其政和；乱世之音怨，以怒其政乖；亡国之音哀，以思其民困；故正得失，动天地，感鬼神，莫近于诗。（这里故意采用了另一种句读）

《诗大序》虽然出现颇晚，但几乎与《乐记》重合式的文字和思想，说明它们大体是同一时代或略后的产物。"诗言志"本见于《尚书》，是对"诗"最著名也最古老的规定。《毛诗序》不过是对这一古老规定的解说发挥。它曾被看作是孔子或子夏的作品，我们以为是荀子学派的思想[1]，总之是儒家美学。

"诗言志"究竟是什么意思？一直有各种不同的解说。

---

[1]　参阅李泽厚、刘纲纪：《中国美学史》第 1 卷第 8 章"毛诗序的美学思想"。

有人认为，"诗言志"言的就是作者的"志"。有人认为，"诗言志"主要是指借诗言志，言的不是作者的志，也不是原诗的志，而是引用者的志，例如《论语》《左传》《孟子》中许多对《诗经》的引用，以及所谓"不学诗，无以言"（《论语·季氏》），"使于四方，不能专对"（《论语·子路》），都说明"诗"是作为外交辞令来被引用以"言志"的。有人认为，"诗言志"便是抒个人的志趣以至情感。有人认为，"诗言志"的"志"是集体的事功、政教、历史、要求，它也就是"载道"，等等，说法很多。

如果从起源或原意看，我赞成最后一说。特别是如果联系起"诗"与"乐"来看，"诗"大概最初就是巫师口中念念有词的咒语，与祭神活动密切相关。其后才逐渐演化为对祖先的事功业绩、本氏族的奇迹历史、军事征伐的胜利、祭祀典礼的仪容等的记述、歌颂和传递。这大概是"志"的最初的真实含义。这种"志"当然与政治紧密难分，不但从《诗经》、"雅"、"颂"部分像《生民》《公刘》《大明》《皇矣》《绵》等篇章可以看见这种"言志"的历史痕迹，而且就在所谓后世的"采风"活动中，包括所谓"劳者歌其事，饥者歌其食"，也还是与伦理政教相连：是为了"正"政治之"得失"。这与前述"乐"的功能基本上是一致的。一直到唐代孔颖达《毛诗正义》也还说："其作诗者，道己一人之心耳，要所言一人，心乃是一国之心，诗人揽一国之意以为己意，故一国之事，系此一人使言之也……故谓之风。……诗人总天下之心，四方风俗，以为己意，而咏歌正放……故谓之雅。"可见，所谓"诗言志"，仍是有关国家政事的"天下之心""四方风俗"之"志"。

当然，最突出的是汉代儒家以"美刺"说诗了。它即是《毛诗序》宣布的"正得失……厚人伦，美教化，移风俗"的具体化，它要求诗作为对皇帝的某种委婉的讽谏劝诫的工具，来起纯粹政治的功能作用。所谓"温柔敦厚"，即是服从于这种要求的美学原则。这种传统到白居易那著名的"文章合为时而著，歌诗合为事而作"，到明清近代，是始终没有断绝的，它是儒家正统美学的基本法规。这是一种政治文艺学或文艺的政治解释学。这种解释学认为，"治世之音，温以裕，其政平；乱世之音，怨以怒，其政乖：诗道然"。[①]可见，它与前述的《乐记》一样，其根源仍然是这个礼乐传统。

所以，汉儒用伦理政治来解诗，"把《诗经》第一首关雎说成是什么后妃之德等，……从总体上看，又有其一定的原因。这个原因是历史性的。汉儒的这种穿凿附会，实质上是不自觉地反映了原始诗歌由巫史文化的宗教政治作品过渡到抒情诗文学作品这一重要的历史事实。本来，所谓诗言志，实际

---

① 《诗含神雾》，见《重修纬书集成》，日本，明德出版社，昭和四十六年，卷3，第 28 页。谶纬非原始巫术，但仍是神秘的天人感应理论，并以政治为核心。

上即是载道和记事，就是说，远古的所谓诗本来是一种氏族、部落、国家的历史性、政治性、宗教性的文献，并非个人的抒情作品。很多材料说明，诗与乐本不可分，原是用于祭神、庆功的"。[1] 从而，如果把"诗言志"的原本含义看作近代抒发个人志趣情感的表现主义，无疑是很不准确的；这正像古代绘画也是以巫术宗教等神话内容和历史记述为主题，是原始人洞穴壁画的延续，服务于伦理政教一样；屈原据以作《天问》的"见楚有先王之庙及公卿祠堂，图画天地山川神灵，琦玮僪佹，及古圣贤怪物行事"[2]，便是明证。舞、乐、诗、画，是那同一传统的心声。"乐从和""诗言志"，其实一也。

但是，这个强调社会的伦理政教与个体的身心情感相融合同一的礼乐传统，随着时代的发展，便愈来愈暴露出其中蕴藏的巨大矛盾。即社会的理性、伦理政教的要求与个体身心情欲这两方面并不能经常真正统一融合在这种"情感的形式"——艺术中。特别是随着社会生活的发展、物质产品的丰富、消费需要的扩展，传统的社会规范、伦理要求、政教体制常常成了满足个体身心情欲的不愉快的限制和束缚。在《乐记》以及先秦古典中，可以看到一系列有关"古乐""今乐""雅乐""郑声"的分歧和争论。就是说，社会生活的行进，

---

① 《美的历程》第 3 章。
② 王逸：《楚辞章句·天问序》。

使人们要求自己的情感、欲望，从传统的伦理政治的捆绑下解放出来。于是，政治与艺术、伦理政教的规范准则与情感自身的逻辑形式，便处在既有同一又有差异，既有统一又有对立以至冲突的复杂状况中。随着不同时代的和社会的原因，它在美学理论上就呈现为关于文与质、美与善、缘情与载道、"乐教"（重情感形式）与"诗教"（重政治内容）……的种种争论与冲突。

情况是异常复杂的。需要具体分析，一加概括，便容易简单化和失真。但这里又不得不因陋就简，从艺术种类的发展分化角度来概括地看看。

由于礼乐传统强调艺术是普遍性的情感形式，抒情（尽管还不是抒个人的情）在文学中也占有重要的地位。中国的上古史诗很不发达，几乎没有，恐也与这传统有关。《雅》《颂》在《诗经》中只占很小部分，更大的领域留给了抒情性能浓厚的"风"。"诗言志"于是也就逐渐被后世理解和解释为抒情，即抒发个人的志趣情感。到魏晋，"诗缘情"进一步正式地与"诗言志"同样成了美学的重要理论。

但是，抒情，即使是后世的抒个人之情，又仍然离不开政教。由于中国的文官制度使士大夫知识分子从来便是伦理政治的基础和支柱，上述这个矛盾便更有趣地展现出来。艺术究竟应从抒发情感志趣的意向出发呢，还是应从宣扬、宏大伦理教化出发？是"载道"呢，还是"言志"或"缘情"？

这个似乎本只属于儒家美学的矛盾，却在后世华夏的文艺创作和美学理论中，一直成为一个基本问题。

由于盛极一时的远古音乐艺术在后世的逐渐衰落，这种矛盾和争论便更多地表现在文学（诗文）和书画领域中。

六朝有所谓文笔之分。"有韵为文，无韵为笔。""有韵"（文）更多地具有音乐性，容易与情感相连，所以更注重于感情的抒发、形式的讲求。魏晋是"文"的自觉，取得自己独立性格的时代，在理论上，曹丕写了《典论·论文》，陆机有《文赋》……而"笔"则大体仍然在记事、论理以"载道"。

但是，在各种"文"中，诗是更"有韵"，更抒情的。从而这里又开始了"诗"与"文"的分途。这在唐宋古文运动

● 云山墨戏图 ［南宋］米友仁

兴起后便更明显了。很讲究做文章、追求"文从字顺"的通俗新形式的韩愈,强调他的文是要载道的,他写了《原道》《原毁》《原性》《原人》等皇皇大论,来大讲其伦理政教。但同时,韩愈却又大作其抒发个人情感的艰涩诗篇,并且从抒发情感上盛赞张旭的草书,还鼓吹"物不得其平则鸣"的"达其情性"的抒情理论。

于是,诗逐渐成为个人抒情的领域,而文则是宣扬政教的工具。所谓"诗主言情,文主言道"①,便被后世这样区分着。但"诗"毕竟又有《诗大序》这种权威性的经典理论的主宰、管辖,谁也不敢否定,而这种理论是要求诗必须为政教伦理直接服务的。于是,我们又有趣地看到了"诗""词"的分途和"诗""画"的分途。

五代北宋,词发达起来。词大谈女人、爱情等,看来很难说是"载道"了。在词里大发的政教议论毕竟是少数,包括正统的理论家们也似乎并不要求它去"载道",因为它本是"雕虫小技""无足道也"的东西。但诗却不然,作诗是更严肃的事情。当宋词盛极时,宋诗的议论也特别多。不管自觉不自觉,诗、词这两种艺术形式体裁,便明显有这种区别。

从而,似乎可以试图解释钱锺书教授提出的问题,为什么在绘画领域里,所谓"南宗"成了正统,与南宗画相当的

① 《清诗话》下卷,上海,上海古籍出版社,1984,第948页。

王孟诗派却永远不能夺取李（白）杜（甫）正宗的地位？的确这样，即使像司空图、严羽这些明明倾向于王孟诗派的理论家，却仍然要以李、杜或将"雄浑"列为标准或首位，与董其昌等人明目张胆地捧出南宗作为画派正宗迥不相同。为什么？我认为，这就是上述传统在起作用。因为尽管世世代代的士大夫知识分子都经常是伦理政教的积极支持者、拥护者，大都赞成或主张诗文载道，但社会生活的发展，使传统的伦理政教毕竟管不住情感的要求和变异，于是词、山水画、笔墨意趣这种与"载道"关系较远的艺术形式便成了政教伦理所鞭长莫及而能满足情感愉悦的新的安乐处了。比起诗文来，画毕竟是由匠人的技艺上升而来的艺术，毕竟地位次要一些，于是它也就能更无顾忌地从"成教化，助人伦"下解放出来，真正成为个体抒发情感的艺术形式。

可见，我们说华夏美学的特征和矛盾主要不在模拟是否真实、反映是否正确，即不是美与真的问题，而在情感的形式（艺术）与伦理教化的要求（政治）的矛盾或统一即美与善的问题[①]，是以这种"礼乐传统"为其历史背景的，它实际正是"羊人为美"与"羊大则美"问题的延续，这样才能估计这个矛盾的久远性和深刻性，即它涉及这个民族的文化心理结构及特征问题。

为什么在讲儒家美学之前要先讲这个"礼乐传统"？这是因为：第一，从这个记述中，可以看出儒家美学其来有自，有悠久坚实的历史根源，它是"礼乐传统"的保存者、继承者和发展者。第二，从这个记述中可以看到，两千年来以儒家哲学为主体的华夏美学中一些基本观点、范畴、问题、矛盾和冲突已经蕴涵在这传统根源中。如何处理社会与自然、情感与形式、艺术与政治，如何处理天人关系，如何理解自

---

① 参阅李泽厚、刘纲纪：《中国美学史》第1卷绪论。

然的人化等，既是一般美学的普遍问题，更是华夏美学的核心问题。第三,从这个记述中,可以看出,这个非酒神型的"礼乐传统"，至今仍在华夏广大人民中有其影响，它已积淀为特定的文化心理结构。也正因为如此，作为它的自觉的承继者和发扬者，儒家美学才有其历久不衰的生命力量，成为华夏美学的主干。

第 二 章

孔门仁学

1. "人而不仁如乐何？"：人性的自觉

孔子自称"述而不作"（《论语·述而》）。

这一半是准确的，孔子一生的志向、活动和功业，全在维护和恢复周礼，也就是前述的"礼乐传统"。在传闻中，孔子是古代典籍、礼仪和传统文化的保存者、传播者和审定者。他"删诗书"，"定礼乐"，授门徒，游列国，尽管做官未成，却在社会上特别在知识层中影响极大。无论是反对者或赞成

—————————————— ● 孔子见老子画像石〔东汉〕拓本

者，无论是以后的墨、道、法……各家，总都要提到他。即使在他最倒霉的时候，无论在当时或后世，孔子作为教育家的身份或事实也从未被动摇和怀疑过。困于陈、蔡，也还有弟子（学生）追随；"批林批孔"，也还承认孔是教育家。而所谓"教育"，不就正是将传统的礼乐文化，作为自觉的意识，传授给年轻一代么？孔子称周公，道尧舜，"入太庙，每事问"（《论语·八佾》），"学而不厌，诲人不倦"（《论语·述而》）……只要打开《论语》一书，孔子这种继往开来、作为礼乐传统的传授守护者的形象便相当清楚。

但这只是一半，更重要的另一半是：孔子对这种传统的承继、保存和传授，是建立在他为礼乐所找到的自我意识的新解释的基础之上的。这个自我意识或解释基础，便是"仁"。这才是孔子的主要贡献，特别是在思想史的意义上。H. Fingarette（赫伯特·芬格莱特）著作的主要弱点就是对这一方面没有重视，估计不足。

《论语》一书记载孔子讲"仁"达百余次，每次讲法都不尽相同。以致有研究者倾向于认为，孔子的"仁"本身就是审美的，即它具有非概念所能确定的多义性、活泼性和不可穷尽性。[1] 这一论点相当新颖而颇富深意，即它可暗示孔子的人生最高境界将是审美。然而，此是另一个问题，当容

---

[1]　参阅张亨：《论语论诗》，台北，《文学评论》第 6 集，1980 年 5 月。

后再论。就"仁"本身说，它毕竟又还是可以分析的。在《孔子再评价》中，我曾将"仁"分为四个方面或层次，其中，氏族血缘是孔子仁学的现实社会渊源，孝悌是这种渊源的直接表现〔"孝悌也者，其为人之本欤？"（《论语·学而》）"君子笃于亲，则民兴于仁。"（《论语·泰伯》）〕。而"孝"的可能性和必要性却在于心理情感〔"子曰，予之不仁也！子生三年，然后免于父母之怀，……予也有三年之爱于其父母乎？"（《论语·阳货》）〕。不诉诸神而诉于人，不诉诸外在规约而诉之于内在情感，即把"仁"的最后根基归结为以亲子之爱为核心的人类学心理情感，这是一项虽朴素却重要的发现。因为，从根本上说，它是对根基于动物（亲子）而又区别于

动物（孝）的人性的自觉。它是把这种人性情感本身当作最后的实在和人道的本性。这正是孔子仁学以及整个儒家的人道主义和人性论的始源基地。孔子说："今之孝者，是谓能养。至于犬马，皆能有养，不敬，何以别乎。"（《论语·为政》）

关于"至于犬马，皆能有养"，有好几种解释。一种解释为：犬马也能养父母，因之，人养父母应不同于犬马的"养"父母。另一种解释为：人可以饲养犬马，因之，养父母应不同于养犬马。又有解释为：犬马也能养活人，因之，人养父母应不同于犬马的"养"，等等。总之，不管哪种解释，孔子这里强调所谓"敬"，指的正是表现为一定的礼节仪容的心意状态。它作为孝—仁的内在原则，在孔子看来，便是由"礼乐"

所塑造培育出来以区别于犬马或区别于对待犬马的人的情感或人性、人道。虽然它必须以亲子这种自然生物性的血缘事实为基础，但重要的是这种自然生物关系经由"礼乐"而人性化了，所以才不同于"犬马"。"敬"本是"礼乐"仪式过程所必然和必需培育的某种恭谨畏惧的心理状态和感情，周初有"敬德""敬天"等重要提法，它们本是由"礼乐"即"神圣的仪式"中所产生的。但到孔子这里，却把它当作比"神圣的仪式"本身还更为重要的东西了。孔子使这种内在心理情感和状态取得了首要位置，认为它才是本体的人性，即人道的自觉意识。孔子指出，即使神圣的"礼乐"传统，如果没有这种人性的自觉，那它们也只是一堆毫无价值的外壳、死物和枷锁。孔子一再说："人而不仁如礼何？人而不仁如乐何？"（《论语·八佾》）"礼云礼云，玉帛云乎哉？乐云乐云，钟鼓云乎哉？"（《论语·阳货》）"礼，与其奢也，宁俭；丧，与其易也，宁戚"（《论语·八佾》）等。这些都是说，如果没有"仁"的内在情感，再清越热喧的钟鼓，再温润绚丽的玉帛，是并无价值的；内在情感的真实和诚恳更胜于外在仪容的讲求。从而，这里重要的是，不仅把一种自然生物的亲子关系予以社会化，而且还要求把体现这种社会化关系的具体制度（"礼乐"）予以内在的情感化、心理化，并把它当作人的最后实在和最高本体。关键就在这里。

如上章所论，就"礼""乐"二者说，"乐"比"礼"与

这种情感心理关系（仁）要更为直接和更为密切。有如《乐记》所说："仁近乎乐，义近乎礼。""乐"既然可以直接从陶冶、塑造人的内在情感来维护人伦政教，孔子所追求的"爱人"（《论语·颜渊》）、"泛爱众"（《论语·学而》）、"老者安之，朋友信之，少者怀之"（《论语·公冶长》）等仁学的诸要求、理想，也就应该由"乐"（艺术）来承担一部分：

> 子之武城，闻弦歌之声。夫子莞尔而笑曰："割鸡焉用牛刀？"子游对曰："昔者偃也闻诸夫子曰，君子学道则爱人，小人学道则易使也。"子曰："二三子，偃之言是也。前言戏之耳。"（《论语·阳货》）

可见"弦歌之声"是与"道"——首先是"治道"（政治）联系在一起的。这也可以印证上章《乐记》所说的："乐者，乐也。君子乐得其道，小人乐得其欲，以道制欲，则乐而不乱；以欲忘道，则惑而不乐。是故君子反情以和其志，广乐以成其教。""乐"是用来教化百姓民众的。

不过，那个以"礼乐"治天下的远古时代毕竟已经过去了，想用"乐"来感化百姓，安邦定国，在春秋时代已经是不切实际的幻想，更不用说杀伐争夺日益剧烈化的后世了。孔子的仁学理论作为"治国平天下"的政治方略，并没有也不可能实现。它深深地影响和利用于后世的，倒是这种人性自觉的思想，这种要求人们建立起区别于动物的情感心理的哲学。并且，由于把这种自觉与安邦治国、拯救社会紧密联系了起来，这种人性自觉便具有了超越宗教的使命感和形上的历史责任感。即是说，这种"为仁由己"（《论语·颜渊》）的"爱人"精神（"仁"），这种人性自觉意识和情感心理本身具有了一种生命动力的深刻性。因之，并非"个性解放"之类的情感，而毋宁是人际关怀的共同感情（人道），成了历代儒家士

孔子圣迹图之一 ［明］仇英

大夫知识分子生活存在的严肃动力。从而，对人际的诚恳关怀，对大众的深厚同情，对苦难的严重感受，构成了中国文艺史上许多巨匠们的创作特色。如世公认，这方面杜甫大概是表现得最为突出和典型了。

> ……父老四五人，问我久远行。手中各有携，倾榼浊复清。苦辞酒味薄，黍地无人耕。兵革既未息，儿童尽东征。请为父老歌，艰难愧深情。歌罢仰天叹，四座泪纵横。(《羌村》)

……长戟鸟休飞，哀笳曙函咽。田家最恐惧，麦倒桑枝折。沙苑临清渭，泉香草丰洁。渡河不用船，千骑常撇烈。胡尘逾太行，杂种抵京室。花门既须留，原野转萧瑟。(《留花门》)

……安得广厦千万间，大庇天下寒士俱欢颜，风雨不动安如山。呜呼，何时眼前突兀见此屋，吾庐独破受冻死亦足。(《茅屋为秋风所破歌》)

杜甫是引不胜引的，总是那样的情感深沉，那样的人道诚实。他完全执着于人间，关注于现实，不求个体解脱，不寻来世恩宠，而是把个体的心理沉浸融埋在苦难的人际关怀的情感交流中，沉浸在人对人的同情抚慰中，彼此"以沫相濡"，认为这就是至高无上的人生真谛和创作使命。这不正是上起建安风骨下至许多优秀诗篇中所贯穿着的华夏美学中的人道精神么？这精神不正是由孔学儒门将远古礼乐传统内在化为人性自觉、变为心理积淀的产物么？

……出门无所见，白骨蔽平原。路有饥妇人，抱子弃草间。顾闻号泣声，挥涕独不还。未知身死处，何能两相完。驱马弃之去，不忍听此言。南登霸陵岸，回首望长安。悟彼泉下人，喟然伤心肝。(王粲《七哀诗》)

贫家有子贫亦娇，骨肉恩重哪能抛？饥寒生死不相保，割肠卖儿为奴曹。此时一别何时见，抚遍儿身舐儿面。有命丰年来赎儿，无命九泉抱长怨。嘱儿切莫忧爹娘，忧思成疾谁汝将？抱头顿足哭声绝，悲风飒飒天茫茫。（谢榛《四溟诗话》引《卖子叹》）

孔子圣迹图之一［明］仇英

题材基本相同，一弃儿，一卖儿。前诗异常著名，后诗则异常不著名，前诗年代早，后诗相当晚（明）。但二者贯穿着同一精神，非常感人。作者们本身并不是卖儿、弃子的主人公，但描绘得如此诚恳忠实，"未知身死处，何能两相完"，"此时一别何时见，抚遍儿身舐儿面"，……写的都是父母别子，但为人子者，读此不都会培育起深厚的亲子之情么？这不正是孔子讲的"予也有三年之爱于其父母乎"的情感自省么？谁都有父母，谁都有子女，都会因从诗里感染到那真挚的感情而悲哀、而触动。这不是概念的认识，而是情感的陶冶。这种陶冶在于把以亲子之爱为基础的人际情感塑造、扩充为"民吾同胞"的人性本体，再沉积到无意识中，成为华夏文艺所不断展现的原型主题。

所以，尽管这些创作者们主观愿望和人生理想，很可能是"唯歌生民病，愿得天子知"（白居易），或者"许身一何愚，窃比稷与契"（杜甫），但是，如果仅仅停留在这一层次，而不使上述人道感情占有更高位置和积淀在无意识中，不把这种情感自身作为独立的本体展露，那是搞不好文艺创作的。这大概也就是白居易那些讽喻诗并不成功的原因。白的《新乐府》"卒章显其志"，把主题归结为概念，固然违背了美学规律，但更重要的是，它妨害了这种人性自觉和心理情感作为本体的自身完整。这种以亲子为核心扩而充之到"泛爱众"的人性自觉和情感本体，正是自孔子仁学以来儒家留下来的重要美学遗产。这也是孔子既述且作，既维护又发展"礼乐"传统，而成为儒家的开山祖和中国文化的象征之所在。

既然集中把情感引向现实人际的方向，便不是人与神的联系，不是人与环境或自然的斗争，而是亲子、君臣、夫妇、兄弟、朋友、亲族、同胞……这种种人际关怀，以及由这种种关怀所带来的种种人生遭遇和生活层面，如各种生离死别（"送别"便是华夏抒情诗篇中的突出主题）、感新怀旧、婚丧吊贺、国难家灾、历史变故……被经常地、大量地、细腻地、反复地咏叹着、描述着、品味着。人的各种社会性情感在这里被交流、被加深、被扩大、被延续。华夏文化之所以富有人情味的特色，美学和文艺所起的这种作用不容忽视。由孔子奠基的以心理情感为根本的儒学传统也充分地呈现在文艺—美学的领域中了。

也正因为如此，情感的人际化引向种种仁爱为怀、温情脉脉的世间留恋，各种自然放纵的情欲、性格、行为、动作，各种贪婪、残忍、凶暴、险毒的心思、情绪、观念，各种野蛮、狡狠、欺诈、淫荡、邪恶，那种种在希腊神话和史诗中虽英雄天神们也具有的恶劣品质和情操，在中国古典诗文艺术中都大体被排斥在外。甚至 Goethe（歌德）在评论已经开始描写这些丑恶情景的中国小说时还说："在他们那里，一切都比我们这里更明朗，更纯洁，也更合乎道德。在他们那里，一切都是可以理解的，平易近人的，没有强烈的情欲和飞腾

● 孔子像 ［宋］马远

动荡的诗兴……正是这种在一切方面保持严格的节制，使得中国维持到数千年之久，而且还会长存下去。"[1]

如前章所述，这当然既是缺点，又是优点。同时，这既是华夏文艺和美学的特征，也是华人的趣味甚至性格特征。所有这些无不应追溯到儒家传统和孔门仁学。有人认为，西方传统以理性作为人兽之分，中国则是以"道德的理解"来作划分标准。[2] 这种所谓"道德的理解"，实际即是前述对人性作外在塑造和规范的非酒神型的"礼乐"传统，被孔子和儒家内在化为对人性自觉和人道情感的本体追求。通俗地说，这是强调从内心来自觉建立一种完美的主体人格。这种建立虽需通由上述世俗的现实生活和人际关系来展露，但技艺和艺术在这建立中却又有着特殊重要的地位。

---

① 《歌德与爱克曼对话录》，北京，人民文学出版社，1988，第112页。

② 参阅葛拉汉（A. C. Graham）:《先秦儒家对人性问题的探讨》，见刘述先编：《儒家伦理研讨会》，新加坡，东亚哲学研究所，1987，第152页。

2. "游于艺""成于乐"：人格的完成

孔子说："志于道，据于德，依于仁，游于艺"（《论语·述而》）；又说："兴于诗，立于礼，成于乐"（《论语·泰伯》）。在这里，"道"是意向，"德"是基础，"仁"是归依，而"艺"则是自由的游戏。孔子所说的"游于艺"的"艺"，是礼、乐、射、御、书、数，即所谓"六艺"。"礼"之所以被看作"艺"，是因为"礼"的实行，包含着仪式、礼器、服饰等的安排以及左右周旋、俯仰进退等一整套琐细而又严格的规定。熟悉、掌握这些，需要有专门的训练。"乐"之被列入"艺"，也与要求对物质工具（如乐器的演奏）的熟练技能的掌握有关。其他四者所要求的技术性的熟练更明显。总之，孔子所说的"游于艺"的"艺"，虽并不等于后世所说的艺术，但包含了当时和后世所说的艺术在内，而主要是从熟练掌握一定物质技巧即技艺这个角度来强调的。孔子说，"君子"在"志道""据德""依仁"之外，还"游于艺"，便是说"君子"对于与物质技能有关的一切训练要有熟练掌握。对物质技能的掌握，包含着对自然合规律性的了解和运用。对技能的熟练掌握，是产生自由感的基础。所谓"游于艺"的"游"，正是突出了这种掌握中的自由感。这种自由感与艺术创作和其他活动中的创造性感受是直接相关的，因为这种感受就其实质说，即是合目的性与合规律性相统一的审美自由感。可见，与后世某些儒家单纯强调伦理道德不同，在"志道"等之外提出"游于艺"，表现了孔子对于人由于物质现实地掌握客观世界从而获得多面发展的要求，对于人在驾驭客观世界的进程中感受到和获取身心自由的主张，同时也说明了孔子对掌握技艺在实现人格理想中的作用的重视。因为这些技艺并非可有可无的装饰，而是直接与"治国平天下"的制度、才能、秩序有关的。这是第一点。

与此相关的第二点是，这种"游于艺"的活动摆在"志道""据德""依仁"之后。本书不及详论这四者的复杂关系，仅表面考察也可看出，"游于艺"既是前三者的补足，又是前三者的完成。仅有前三者，基本还是内向的、静态的、未实现的人格，有了最后一项，便成为实现了的、物态化了的、现实的人格了。为什么？因为这种人格具有一种实现了的自由和现实的自由感。它不仅标志对客观技艺、事物规律的物质实践性的熟练掌握和运用自如，而且标志着一个由于掌握了规律而获得自由从而具有实践力量的人格的完成。这其实

便是孔子所谓"从心所欲不逾矩"（《论语·为政》）了。所谓
"从心所欲不逾矩"，便正是主观目的与客观规律的协调、符
合、一致。"游于艺"和"从心所欲不逾矩"，虽然似乎前者
只讲技艺熟练，后者只讲心理欲求，但从合规律性与合目的
性相统一的角度看，这二者是有贯穿脉络和共同精神的。只
有现实地能够做到"游于艺"，才能在人格上完成"从心所欲
不逾矩"。这个"不逾矩"便不只是道德的教条，而是一种人
生的自由。前者是外在技艺的熟练，后者是内在人格的完成，
但在孔学里，二者有其深刻的关联。荀子提出"积学成伪"
和"制天命而用之"，便是在理论上发展这个方面。荀子"这
个'学'实质上便已不限于'修身'，而是与整个人类生存的
特征——善于利用外物、制造事物以达到自己的目的——有
了联系。……'学''为'在荀子这里也达到了本体高度"。[1]
后世颜元等人也强调"六艺"的物质实践性。这些，表明在
儒学中，"圣人"的人格实现与六艺的物质实践性的现实掌握
是相关联的。只有宋明正统理学家们过分强调心性，而把"游
于艺"当作一种并不十分重要的补充，并且常常局限在诗文
书画的所谓纯艺术的狭隘范围内，才从根本上失去了孔门六
艺的原始的物质实践的丰富内容。实际上，"游于艺"——在礼、
乐、射、御、书、数中的"自由游戏"，决不仅仅是一个单纯

---

[1] 《中国古代思想史论》，第113—114页。

掌握技艺的问题，而更是通过对客观规律性的全面掌握和运用，现实地实现了人的自由，完成了"志道""据德""依仁"的人的全面发展和人格历程。这才是要点所在。

与"游于艺"相当的，是孔子讲的"兴于诗，立于礼，成于乐"。

正如"游于艺"放在最后一项一样，"成于乐"也是在"兴于诗""立于礼"之后的。如果说，"游于艺"更多讲的是通过掌握客观规律的自由感受；那么，"成于乐"则更多直接讲内在心理的自由塑造。两者都是有关人格实现的描述。正如"游于艺"高于"志道""据德""依仁","成于乐"也是高于"兴于诗""立于礼"的人格完成。

"成于乐"是什么意思？孔子自己曾经作过说明。"子路问成人。子曰：若臧武仲之智，公绰之不欲，卞庄子之勇，冉求之艺，文之以礼乐，亦可以为成人矣。"（《论语·宪问》）孔安国注说："文，成也。"就是说，君子的修身如果不学习礼乐，便不可能成为一个完全的人，可见，"成于乐"，就是要通过"乐"的陶冶来造就一个完全的人。因为"乐"正是直接地感染、熏陶、塑造人的情性心灵的。"乐所以成性"（孔安国"成于乐"注），"乐以治性，故能成性，成性亦修身也。"（刘宝楠《论语正义》"成于乐"注）

前面引述过的子游的故事也说明这一点。子游的故事是从群体"治道"来说，这里则是从个体的人格塑造来说。"成于乐"之所以在"兴于诗"（学诗包括有关古典文献、伦理、历史、政治、言语以及各种知识的掌握，和由连类引譬而感发志意）、"立于礼"（对礼仪规范的自觉训练和熟悉）之后，是由于如果"诗"主要给人以语言智慧的启迪感发（"兴"），"礼"给人以外在规范的培育训练（"立"），那么，"乐"便是给人以内在心灵的完成。前者是有关智力结构（理性的内化）和意志结构（理性的凝聚）的构建，后者则是审美结构（理性的积淀）的呈现。不论是智慧、语言、"诗"（智慧通常经过语言而传留和继承），或者是道德、行为、"礼"（道德通常经过行为模式、典范而表达和承继），都还不是人格的最终完成或人生的最高实现。因为它们还有某种外在理性的标准或痕迹。最高（或最后）的人性成熟，只能在审美结构中。因为审美既纯是感性的，却积淀着理性的历史。它是自然的，却积淀着社会的成果。它是生理性的感情和官能，却渗透了人类的智慧和道德。它不是所谓纯粹的超越①，而是超越语言、智慧、德行、礼仪的最高的存在物，这存在物却又仍然是人的感性。它是自由的感性和感性的自由，这就是从个体完成角度来说的人性本体。

相对于"游于艺"因掌握外在客观规律而获得自由的愉快感，"成于乐"所达到的自由的愉快感，是直接地与内在心灵（情、欲）规律有关。孔子描述自己所达到的人生最高地步的"从心所欲不逾矩"，不即是心灵成熟的最后标志么？即：个体自然性的情、感、欲完全社会规范化了，故"不逾矩"；然而又并非强迫，仍然是"从心所欲"。孔子说："知之者不如好之者，好之者不如乐之者"（《论语·雍也》），也是这个意思，它可相当于诗——礼——乐。

可见，"礼乐传统"中的"乐者，乐也"，在孔子这里获得了全人格塑造的自觉意识的含义。它不只在使人快乐，使

---

① 今道友信教授《东方美学》讲孔子时，强调的便是这种超越。

人的情、感、欲符合社会的规范、要求而得到宣泄和满足，而且还使这快乐本身成为人生的最高理想和人格的最终实现。与其他许多宗教教主或哲人不同，孔子以世俗生活中的情感快乐为存在的本体和人生的极致。孔学的人格理想是"圣贤"，这"圣贤"不是英雄，不是希腊神话、荷马史诗里的赫赫神明和勇猛武士。这"圣贤"也不是教主，不是那具有无边法力能普度众生的超人、上帝。儒家的"圣贤"是人间的，与凡人有着同样的七情六欲、饮食男女，同样有着自然性、动物性的一面。他之所以为"贤"，是由于道德。他之所以为"圣"，则由于不但有道德，而且还超道德，达到了与普遍客观规律性相同一。这种"圣"在外在功绩上，能"博施于民而能济众"（《论语·雍也》），在内在人格上，大概就是孔子的"从心所

● 树色平远图 ［北宋］郭熙

欲不逾矩"了。这既是"成于乐"，也是"游于艺"。"夫子圣者与？何其多能也"（《论语·子罕》），是从后者说的，说明掌握规律性而有多方面的能力，足见合目的性与合规律性的统一，始终是"圣"的一种标志。后世所谓"画圣""书圣"等，也多半是指想画什么就是什么，达到这种"从心所欲不逾矩"的自由境界。这种自由境界又不只停留在实践技艺规律的掌握上，而更是为了达到实现自由的人生境界，这种境界是充满了快乐的。孔子便多次说到这种快乐：

> 学而时习之，不亦说乎！有朋自远方来，不亦乐乎。（《论语·学而》）
>
> 饭疏食饮水，曲肱而枕之，乐亦在其中矣。不义而富且贵，于我如浮云。（《论语·述而》）
>
> 叶公问孔子于子路，子路不对。子曰："女奚不曰，'其为人也，发愤忘食，乐以忘忧，不知老之将至'云耳。"（同上）

当然还有那著名的"浴于沂，风乎舞雩"，这要留到下章讲"儒道互补"时再说。总之，孔子讲的这种快乐，既是"学而时习之"，又是"有朋自远方来"；既是对外在世界的实践性的自由把握，又是对人道、人性和人格完成的关怀。它既是人的自然性的心理情感，同时又已远离了动物官能的快感，而成为心灵的实现和人生的自由，其中积淀、融化了人的智

慧和德行，成为在智慧和道德基础上的超智慧、超道德的心理本体。达到它，便可以蔑视富贵，可以甘于贫贱，可以不畏强暴，可以自由做人。这是人生，也是审美。而这，也就是"仁"的最高层次。如果说，前节所说是从外在的人伦关系和人际关怀来发掘人性的自觉，那么这里所说便是从内在的人格培养和人性完成来同样指向那心理本体。总之，把本来是维系氏族社会的图腾歌舞、巫术礼仪（"礼乐"），转化为自觉人性和心理本体的建设，这是儒家创始人孔子的哲学——美学最深刻和最重要的特点。

3. "逝者如斯夫，不舍昼夜"：人生的领悟

Hegel 嘲笑孔子思想不算哲学，因为没有对形上本体的反思和对世俗有限的超越。

今道友信教授则解说孔子"成于乐"是对时空的超越，而达到"在"（Being）。①

其实，均不然。孔子有对形上的反思和对超越的追求，但他没有采取概念思辨的抽象方式，而出之以诗意的审美。孔子所追求的超越，也并不是对感性世界和时空的超越，而恰恰就在此感性时空之中。他不是"在"（Being），而毋宁是"生成"（Becoming）。

"成于乐"作为个体人格的完成，密切关乎生死和不朽，此亦即时间问题。

时间是哲学中永恒之谜。什么是时间？它意味着什么？

---

① 今道友信《东方美学》。

离开了人有时间么？……Parmenides（帕尔米尼底斯，古希腊哲学家）提出不动的"一"（Oneness），追求无时间的崇拜。Zeno of Elea（芝诺，古希腊哲学家）的著名悖论则展示时间之不可能。Kant（康德）把时间当作人的内感觉（Inner Sense）。Hegel（黑格尔）说长久的山不如瞬开的玫瑰，时间属于有生命者。Henri Bergson（亨利·伯格森）、Martin Heidegger（马丁·海德格尔）围绕着时间也谈了那么多。……

在中国诗文中，也有那么多关于时间的浩叹："对酒当歌，人生几何"（曹操诗）；"木犹如此，人何以堪"（《世说新语·言语》）；"江畔何人初见月，江月何年初照人？人生代代无穷已，江月年年只相似。不知江月待何人，但见长江送流水……"（张若虚《春江花月夜》）。人生无常的感叹弥漫在中国文学艺术

史，一直到毛泽东诗词中的"人生易老天难老""萧瑟秋风今
又是"。在中国人的意识里，时间首先是与人的生死存亡联系
在一起的。事物在变迁，生命在流逝，人生极其有限，生活
何其短促……那么，有没有可能或如何可能去超越它呢？去
构造一个永恒不变的理念世界吗？去皈依上帝相信灵魂永在
吗？在神的恩宠和灵魂的不朽中去超越这个有限的人生、世
界和时空吗？有这种超越、无限、先验的本体吗？

中国哲人对此是怀疑的。从巫术、宗教中脱身出来的先
秦儒家持守的是一种执着于现实人生的实用理性。它拒绝作
抽象思辨，也没有狂热的信仰，它以直接服务于当时的政教
伦常、调协人际关系和建构社会秩序为目标。孔子和儒家没
有去追求超越时间的永恒，正如没有去追求脱去个性的理式

（Idea）、高于血肉的上帝一样。孔门哲人把永恒和超越放在当下即得的时间中，也正如把上帝和理式融在有血有肉的个体感性中一样。那个"不动的一"的"存在"，对儒家来说是不可理解的；一切都在流变，"不变的一"（永恒的本体）就是这个流变着的现象世界本身。从而在这种哲学背景下，个体生死之谜便被溶解在时间性的人际关系和人性情感之中。与现代存在主义将走向死亡作为生的自觉，将个体对死亡的把握作为对生的意识近似而又相反，这里是将死的意义建筑在生的价值之上，将死的个体自觉作为生的群体勉励。在儒家哲人看来，只有懂得生，才能懂得死，才能在死的自觉中感觉到存在。人之所以在走向死亡中痛切感受存在本身，正因为存在本身毕竟在于生的意义。而生的意义也就是过程，是历史性地生成，它是与群体相联系才获得的。所以这"生成"是历史性的人类学的，是与情感上的人际关怀联系在一起的。从而"死"和"存在"在这里便不是空洞的神秘共性或生物的本能恐惧，而是个体对人类学本体生成的直接感受。它是个体的感受，所以不是一般性的抽象认识；它是人类学的某种历史感受，不是生物性的恐惧。从而，人对待死亡应该不同于动物的畏死，这不但因为人有道德，而且还因为它是超道德的。

孔子说"朝闻道，夕死可矣"（《论语·里仁》），"无求生以害仁，有杀身以成仁"（《论语·卫灵公》），又说，"未知生，焉知死"，"未能事人，焉能事鬼"（《论语·先进》），这讲的既是死的自觉，更是生的自觉。正因为"生"是有价值有意义的，对死亡就可以无所谓甚至不屑一顾。所以，尽管中国人有大量的人生感叹，有"死生亦大矣，岂不痛哉"（王羲之）的深重悲哀，但"存，吾顺事；殁，吾宁也"（张载）：如果生有意义和价值，就让个体生命自然终结而无需恐惧哀伤，这便是儒家哲人所追求的生死理想。从而，如果要哀伤，那哀伤的就并非死而是短促的生——时间太快，对生的价值和意义占有和了解得太少。生的意义又既然只存在于人际关怀的现实群体中，那么，追求个体灵魂的不朽或对感性时空的超越或舍弃，以投入无限实体的神的怀抱，便是不必要和不可能的。是否存在这种无限实体也是大可怀疑的。能确定的似乎只是，既然人的个体感性存在是真实的生成而并非幻影，从而如何可以赋予个体所占有的短促的生存以密集的意义，如何在这稍纵即逝的短暂人生和感性现实本身中赢得永恒和不朽，这才是应该努力追求的存在课题。所以，一方面，是沉重地慨叹着人生无常、生命短促；另一方面则是严肃的历史感和强烈的使命感。自孔子起，"知其不可而为之"（《论语·宪问》），"鸟兽不可与同群，吾非斯人之徒而谁与"（《论语·微子》）的理想精神，"在陈绝粮""困于桓魋"的现实苦痛，都是在背负过去、指向未来的人事奋斗中去领悟、感受和发现存在和不朽。超越与不朽不在天堂，不在来世，不在那舍弃感性的无限实体，而即在此感性人世中。从而时间自意识便具有突出的意义，在这里，时间确乎是人的"内感觉"，只是这内感觉不是认识论的［如 Kant（康德）］，而毋宁是美学的。因为这内感觉是一种本体性的情感的历史感受，即是说，时间在这里通过人的历史而具有积淀了的情感感受意义。这正是人的时间作为"内感觉"不同于任何公共的、客观的、空间化的时间所在。时间成了依依不舍、眷恋人生、执着现实的感性情感的纠缠物。时间情感化是华夏文艺和儒家美学的一个根本特征，它是将世界予以内在化的最高层次。这也来源于孔子。孔子说：

逝者如斯夫，不舍昼夜。（《论语·子罕》）

深沉的感喟，巨大的赞叹！这不是通由理知，不是通由天启，而是通由人的情感的渗透，表达了对生的执着，对存在的领悟和对生成的感受。在这里，时间不是主观理知的概念，也不是客观事物的性质，也不是认识的先验感性直观；时间在这里是情感性的，它的绵延或顿挫，它的存在或消亡，是与情感性在一起的。如果时间没有情感，那是机械的框架和恒等的苍白；如果情感没有时间，那是动物的本能和生命的虚无。只有期待（未来）、状态（现在）、记忆（过去）集于一身的情感的时间，才是活生生的人的生命。在中国艺术中，

● 仿古山水册之一 ［清］顾逢

无论是"人生不满百，常怀千岁忧，昼短苦夜长，何不秉烛
游"（《古诗十九首》），及时行乐，莫负年华也好；无论是"莫
等闲白了少年头，空悲切"（传岳飞词《满江红》），济世救民，
建功立业也好；无论是化空间为时间的中国建筑、绘画也好；
或者是完全由心理的真实来支配和构造时空的中国戏曲也好，
都通由时间的情感化而加重了生死感受和人生自觉的分量。
它并没有解决、也不可能解决生死问题，它只是不断地通过
情感而面对着它，品味着它。所以，"语到沧桑意便工"。这
样，有关存在的哲学最终便不在思辨，不在信仰，不在神宠，

而就在这人类化了的具有历史积淀成果的流动着的情感本身。这种情感本身成了推动人际生成的本体力量。孔子对逝水的深沉喟叹，代表着孔门仁学开启了以审美替代宗教，把超越建立在此岸人际和感性世界中的华夏哲学—美学的大道。

与现实生活、物质生产、概念语言不同，在情感中，过去、现在和未来可以完全融为整体，变而为独立的艺术存在。中国艺术是时间的艺术、情感的艺术。前面详细讨论过的"乐"不用再说了，诗文也常常是以情感化的时间或对时间中的情感的直接描写为特色。"线"则是时间在空间里的展开，你看那充满情感的时间之流，那纸、布、物体上的音乐和舞蹈，无论是绘画中、书法中、诗文中、雕塑中、园林中、建筑中，它总在那里回旋行动，不断进行。它组成节奏、韵律、人物、图景、故事、装饰、主题……它们流动着、变换着，或轻盈或沉重地走向前方。它自由而有规矩，奔放而有节制。它感性而又内在，表现出冲破有限的超越，但这超越却又仍在此情感化的时间之中。你能掌握这音乐—线—情感的运动么？那就是华夏文艺的精神。这精神也就是"逝者如斯夫，不舍昼夜"那谜一样的情感中永恒的时间或情感中时间的永恒。正因为追求的是这种情感的永恒，从而像有限现实的写实、日光阴影的具体描绘、情景的逼真模拟，等等，便成为次要的甚至可以舍弃的外在假象。具体的情景、人物，也必须是具有永恒的情感意义（如伦理力量）时才被描绘和表现。

Ilya Prigozine 说，具有不可逆性质的时间在雕塑中既凝冻又流逝。由于具有不同的人生内容，时间并不同质。也正因为在艺术中直接感受着这凝冻而又流逝着的时间，而不同质，各种有限的事物的肯定价值便被积淀在艺术和人的这种种感受里。这就使人的情感心理和人性本体变得丰富、复杂、多样和深刻。情感化的时间和不同质的时间中的情感，使心理成了超认识超道德的本体存在。可见，正是艺术，直接建造着这个本体，它使人的情欲、感觉和整个心灵，经过对时间的领悟具有了这种哲理的本性。

4. "我善养吾浩然之气"：道德与生命

孔子给予礼乐传统以仁学的自觉意识，孟子则最早树立起中国审美范畴中的崇高：阳刚之美。这是一种道德主体的生命力量。

● 兽面纹簋［商］

兽面纹方鼎〔西周〕

　　看来，所有民族都一样，无论从历史或逻辑说，崇高、壮美、阳刚之美总走在优美、阴柔之美的前面，古埃及的金字塔，巴比伦、印度的大石门，中国的青铜饕餮，玛雅的图腾柱，……黑格尔称之为象征艺术的种种，都以其粗犷、巨大、艰难、宏伟，而给人以强烈的刺激和崇高的感受。它们本是远古图腾巫术那种狂热的观念、情感的发展和积淀。它们同时又是奴隶们集体艰苦劳动的血汗结晶，并非任何个体的自由创作成果。从而它们以物质客体的巨大形式或尖锐冲突所展示出来的，其实乃是作为群体的人类主体力量的强大。这种强大因具有超越任何个体能量而带来的神秘性质，为以后各种宗教艺术开启了大门：硕大无朋、千眼千手的佛像，高耸入云的尖顶教堂，鲜血淋漓的惨厉壁画，……都以其震撼人心的崇高，来指向超越有限的神灵或上帝。在这些"艺术"，例如在巨大建筑面前，感到的的确是个体一己的渺小和那巨大客体的压倒性的威力和胜利。

本书不准备讲崇高的种种理论，包括著名的 Kant 的理性胜利说等①，这里要指出的只是华夏民族在这方面的特征。由于礼乐传统和孔门仁学对内在人化自然（塑造情欲，陶冶性情）的强调，不同于西方或印度，中国的原始象征艺术和审美崇高感走上了另一条道路。它直接走向了世俗人际：第一，由神的威力走向人的勋业。第二，由外在功勋走向内在德性。即由崇高走向壮美，由功业的壮美走向道德的伟大。从殷周青铜到《诗经》的《大雅》和《颂》，可以略窥前一进程，殷周铜器的饕餮等纹样所具有的神人交通的神秘观念变而为对氏族祖先和勋业的歌颂、崇拜。由《左传》《论语》到《孟子》，则可略窥后一过程，《论语》里还大讲"大哉尧之为君也！巍巍乎，唯天为大，唯尧则之。荡荡乎，民无能名焉。巍巍乎，其有成功也；焕乎，其有文章"（《论语·泰伯》），这是说，没有语言能描述尧那伟大的功勋业绩；"巍巍"的伟大还是与功勋业绩和地位联系在一起的。但孟子却对外在的功业地位

---

① 参阅拙著《美学论集·论崇高与滑稽》，上海，上海文艺出版社，1980.

颇不重视,"说大人则藐之,勿视其巍巍然"(《孟子·尽心下》)。
外在的"巍巍"不再被强调,它从外而内,孟子把这种"巍巍"
的"大"作为"壮美",直接放在个体人格的完成层次上来讨
论了:

> 浩生不害问曰:"乐正子何人也?"孟子曰:"善人也,
> 信人也。""何谓善?何谓信?"曰:"可欲之谓善,有诸
> 己之谓信,充实之谓美,充实而有光辉之谓大,大而化之
> 之谓圣,圣而不可知之之谓神。乐正子,二之中,四之下也。"
> (同上)

孟子把个体人格划为善、信、美、大、圣、神六个层次,
明确地把"美"与纯属于伦理道德的"善""信"区别了开来。
并"把'美'摆在'善''信'之上。'善'是'可欲'的意
思,就是说个体在他的行动中追求'可欲'的东西,即符合
于仁义的东西。……'信'是'有诸己'的意思,就是说个
体在他的行动中处处都以自己本性中所固有的仁义等原则作
为指导,而决不背离它。'美'则是'充实',就是说个体不
但遵循着'善人''信人'所履行信守的仁义等道德原则,而
且把它扩展贯注于自己的全人格之中,使自己外在的仪容风
貌、应对进退等,处处都自然而然地体现出仁义等道德原则。
所以,'美'是在个体的全人格中完满地实现了的善……它包

含着善,但又超越了善。……'大'同'美'相连,'圣'同'大'相连,'神'同'圣'相连,一个比一个更高。但又都起始于'美'('充实'),因而它们都不是单纯的道德伦理评价的范畴,而同时是审美评价和目的论的范畴……"。

"'大'是'充实而有光辉'的……壮观的美。'圣'是'大而化之'的意思,根据孟子对伯夷、柳下惠、特别是对孔子的'圣'的说明,'圣'的特点是不但有一种辉煌壮观的美,而且还集前代之大成,作出了划时代的创造,表现了一种非巧智所能达到的力量,并且成为百代的楷模,具有极大的感染化育的力量(参见《万章下》及《尽心上》)。'神'是'圣而不可知'的意思,即达到了'圣'的境界,却看不出是如何达到的。'圣'是要赖人力才能成功的,'神'却似乎非人力所作为。孟子对美、大、圣、神的区分,……包含有对美的各种不同情况和性质的观察和区分,都是针对人格美而言的。"[1] 所谓"圣""神"是指与自然界以及宇宙本身达到"天人合一"。可见,孟子极大地宣扬了伦理和超伦理的主体力量,一切外在的功业成就(包括艺术创作的"圣""神")也都不过是个体人格完成的表现或展示而已。在这里,从客观形态来描绘的人格的"美""大"(壮美)便与主体心灵层次的描述连在一起。而这种主观心理层次的描述,又仍然是前述孔

---

① 李泽厚、刘纲纪:《中国美学史》第 1 卷,第 183—184 页。

子的"乐"（快乐）的哲学延续。

孟子继承了孔子，以审美快乐为最高人生理想，明确地将"事亲"（仁）、"从兄"（义）的伦常秩序作为这种快乐的基础。"仁之实，事亲是也；义之实，从兄是也；智之实，知斯二者弗去是也；礼之实，节文斯二者是也；乐之实，乐斯二者。乐则生矣，生则恶可已也，恶可已，则不知足之蹈之、手之舞之。"（《孟子·离娄上》）这是把血缘基础、心理原则这两个孔门仁学要素与人的快乐和生命连接起来，以构成人生的某种根本。而且：

> 君子有三乐，而王天下不与存焉。父母俱存，兄弟无故，一乐也；仰不愧于天，俯不怍于人，二乐也；得天下英才而教育之，三乐也。（《孟子·尽心上》）

这也仍是孔子"饭疏食饮水"的"乐""有朋自远方来"的"乐"的连续，即人生的"乐"仍然在普通的日常人际中，在父母、兄弟、朋友、师生的关系交往中，在我——你中。从而，在艺术上，"独乐乐"便不如"与人乐乐"，"少乐乐"便不如"与众乐乐"。孟子紧紧遵循着孔子，但气概是更为阔大伟壮了。因为作为核心的个体人格是更为突出了，主体的人是更加高大了，"仰不愧于天，俯不怍于人"，"富贵不能淫，贫贱不能移，威武不能屈"（《孟子·滕文公下》）；在任何事物之前无需退缩，在天地面前无所羞惭和恐惧，从而就不必低首于任何力量，不必膜拜于任何神灵。这样的主体人格观念难道还不刚强伟大么？而这也就是"大""圣""神"。

这，也就是中国的阳刚之美。由于它是作为伦理学的道德主体人格的呈现和光耀，从而任何以外的图景或物质形式展示出来的恐惧悲惨，例如那种种鲜血淋漓的受苦受难，那尸横遍地的丑恶图景，那恐怖威吓的自然力量，……便不能作为这种刚强伟大的主体道德力量的对手。这里要突出的恰恰是正面的道德力量的无可匹敌，是"自反而缩，虽千万人，吾往矣"（《孟子·公孙丑上》）的勇敢、主动和刚强。如果说，Kant 的崇高是以巨大的丑的外在形式来呈现道德理性的胜利，那么孟子这里则以道德理性的直接正面呈现为特征。从而，崇高在这里不但不再是古代集体劳动的物质成果，而且也不是自然物质的硕大外在形式，它直接成为道德力量在个体生命中的显示。这道德力量能直接与宇宙相交通，与天地相合一，从而也不再需要任何神力天威，不需要借助于巨大物质形态或狞厉的神秘象征。个体人格的道德自身作为内在理性的凝聚，可以显现为一种感性的生命力量。这就是孟子讲"气"最重要的特征。孟子说：

> 我善养吾浩然之气……其为气也，至大至刚，以直养而无害，则塞于天地之间。其为气也，配义与道，无是馁也。

是集义所生者，非义袭而取之也。行有不慊于心，则馁矣。
（《孟子·公孙丑上》）

最值得注意的是，在这里，物质性的"气"（生命感性）是由精神性的"义"（道德理性）的集结凝聚而产生。道德的凝聚变而为生命的力量，因此这生命就不再是动物性的生存，而成为人的存在。这是孔门仁学的人性自觉的另一次重大开拓。所以，"浩然之气"不单只是一个理性的道德范畴，而且还同时具有感性的品德。这才是**关键所在**。从而，感性与超感性、自然生命与道德主体在这里是重叠交融的。道德主体的理性即凝聚在自然的生理中，而成为"至大至刚""无比坚强的感性力量和物质生命"。这就把由"美"而"大"而"圣""神"的个体人格的可能性过程更加深化了。它们作为道德主体，不只是外观，不只是感受，也不只是品德，而且还是一种感性生成和感性力量。"浩然之气"身兼感性与超感性、生命与道德的双重性质。道德的理性即在此感性存在的"气"中，这正是孔、孟"内圣"不同宗教神学之所在，是儒家哲学、伦理学、美学的基本特征。

无怪乎，"气"在中国文化中是首屈一指、最为重要的基本范畴。中医讲"气"，至今有气功。占卜讲"气"。舆地、命数讲"气"。哲学讲"气"。文学当然也讲"气"，曹丕说，"文以气为主"（曹丕《典论·论文》）。艺术讲"气"，六朝以"气

韵生动"（谢赫《古画品录》）为绘画的第一标准。但是，"气"到底是什么？至今没有清楚的界定。是物质吗？它却是一种生命力。是精神吗？它又总与物质相联系。曹丕讲的文"气"，就与身体的气质相关，是"父兄不能移之子弟""不可力强而致"（曹丕《典论·论文》）的。晚清谭嗣同说，"夫浩然之气，非有异气，即鼻息出入之气，理气此气，血气亦此气，圣贤庸众皆此气"（《谭嗣同全集·石菊影庐笔识·思篇》），可见它确与生理呼吸有关。而诗文中的"气贯""气敛"等，也的确与句法、声调、结构的朗读、默读从而在创作中欣赏中生理上的呼吸节奏、快慢、韵律有关。但它又不是简单的生理呼吸功能所能解释或概括的。上章曾讲到中国文艺重视形式的建立、技巧的熟练、范本的模拟，其中便不只是理性的了解，更重要的是包括有这种感性力量的训练和把握。但"气"又不只是感性物质性的，还有所谓"风气""气运"等，则又与一定社会性相联系。《文心雕龙·时序》说，"风衰俗怨，梗概多气"。总之，"气"身兼道德与生命、物质与精神的双重特点；它作为一种凝聚理性而可以释放出能量来的感性生命力量，是由孟子首先提出的。

如前所述，在孟子，这种感性生命力量因为是由理性的凝聚即由道德支配感性行动的刚强意志，外界的一切都不能阻挠它、动摇它。所以，这里重点是理性的主宰和控制，表现在美学理论上，就有"主敬""衔勒""节宣"的提法，如"吐纳文艺，务在节宣；清和其心，调畅其气"（《文心雕龙·养气》），"凡为文章，犹人乘骐骥，虽有逸气，当以衔勒制之"（《颜氏家训·文章》），"临文主敬，一言以蔽之矣。主敬则心平，而气有所摄，自能变化从容以合度"（《文史通义·文德》）等。后世诗文艺术中讲求的种种"气势""骨气""运骨于气"等，也都是从这里派生出来，都与主体的理性修养如何驾驭感性而成为由意志支配主宰的物质力量有关。例如，所谓"骨"，经常就是静止状态的"气"，即所谓"骨力"。所谓"势"，经常便是储藏着能量的"气"，是一种势能，如所谓"高屋建瓴，势如破竹"即是。总之，文艺讲究的阳刚之气，经常与这种气势、骨力相关，即它主要不在于外在面貌，而在所蕴含的

内在的巨大生命—道德的潜能、气势。所以，即使没有长江大河、高山崇岳、日月光华，它也可以显露。它是在任何形态或形象中的凝聚了的主体道德—生命力量，这种力量经常通过高度概括化了的节奏、韵律等感性语言而呈现。杜甫的诗，韩愈的文，颜真卿的字，范宽的画，关汉卿的戏曲等，都如此。

孟子把崇高化为气势，并没停留在纯理性的主体道德上，而是要求把主体的道德人格、精神超越与大自然以及整个宇宙联系起来，即所谓"其为气也，至大至刚，以直养而无害，则塞于天地之间"。孟子提出凭这种"集义而生"的"浩然之气"，便可以与天地宇宙相交通，而达到"天人同一"。这也就是后来文天祥《正气歌》开宗明义所解释的"天地有正气，杂然赋流行，下则为河岳，上则为日星，于人曰浩然，沛乎塞苍冥"。孟子讲了许多"存其心，养其性，所以事天也"（《孟子·尽心上》），"夫君子所过者化，所存者神，上下与天地同流"（同上）等，都是讲的这个问题，都是要指出道德主体所具有的感性生命力量可以与天地宇宙相交流、相同一，即由人而天，由道德—生命而天人同构。这正是本章要讲的下一个命题。

5."日新之谓盛德"：天人同构

由于宋明理学的缘故，人们经常只把孔、孟看作儒学正统；其实，没有荀子这根线索，儒学恐怕早已完结。"没有荀子，便没有汉儒；没有汉儒，就很难想象中国的文化是什么样子。"① 孟、荀是儒学不可或缺的双翼。

荀子的特点在于强调用伦理、政治的"礼义"去克制、约束、管辖、控制人的感性欲望和自然本能，要求在外在的"礼"的制约下去满足内在的"欲"，在"欲"的满足中去推行"礼"。"欲"因"礼"的实行而得到合理的满足，"礼"因"欲"的合理满足而得到遵循。如果说，孟子是以先验的道德主宰、贯注人的感性而提出"人性（社会的理性）善"的话；那么，荀子则以现实的秩序规范改造人的感性而提出"人性（生物的自然感性）恶"。这是分道扬镳，但又同归于如何使

---

① 参阅《中国古代思想史论》。

个体的感性积淀社会的理性这一孔门仁学的共同命题。

如何使个体感性中积淀社会的理性呢？在荀子看来，这就必须刻苦地持久地学习和修养，才能使心灵喜欢道德（理性），达到如同眼睛喜欢美色，耳朵喜欢美音，口胃喜欢美食那样。但与孟子不同，荀子认为这种对内在自然的教育塑造和人格建立并不就是目的自身，内在自然的人化是为了外在事业的建树，即"治国平天下"。所以，荀子的特点在于强调人作为主体的外在作为，即人对整个世界包括内外自然的全面征服。这种征服远远不能只是道德上、精神上的，而更必须是现实上、物质上的。这亦即是荀子著名的"制天命而用之"的伟大思想：

> 性者，本始材朴也；伪者，文理隆盛也。无性，则伪之无所加；无伪，则性不能自美。（《荀子·礼论》）
>
> 北海则有走马、吠犬焉，然而中国得而畜使之；南海则有羽翮、齿革、曾青、丹干焉，然而中国得而财之；东海则有紫绔、鱼盐焉，然而中国得而衣食之；西海则有皮革、文旄焉，然而中国得而用之……故天之所覆，地之所载，莫不尽其美，致其用，上以饰贤良，下以养百姓而安乐之，夫是谓之大神。（《荀子·王制》）

这是不同于孟子的另一种"神"，是对人类主体性的现实改造力量的概括和歌颂。这种力量不表现在道德主体或内在意志结构的建立上，而表现在对内在外在自然的现实征服和改造上。它不是从个体人格着眼，而更多是从人类总体（历史与现实）着眼。在那么早的时代，便如此刚健有力地树立起对人的群体作为主体性的物质能动力量的确认，特别是其中包括对人类由于使用工具而区别于动物界的素朴观念，在世界哲学史上，也是极其少见的伟大思想。与孟子树立起人的主体性的内在人格相辉映，荀子这种外向开拓性的哲学光辉，直接反射着也照耀着自战国以至秦汉以征服世界为主题特色的伟大艺术。这一点已在别处讲过了。[①] 在理论上，则直接开启了"人与天地参"的儒学世界观在《易传》中的建立。

《易传》是荀子的继承和发展。[②] 它的特色是保存和扩展了荀子那种向外开拓的物质性实践活动的刚健本色，同时又摒弃了"制天命而用之""天人相分"的命题而回到"天人合一"的心理情感的轨道上。但这一回归却极大地扩展和丰富了原有命题，其特点在于：《易传》系统地赋予"天"以人类情感的性质。它所强调的"人与天地参"，便不再是荀子那种征服自然的抗争形态，而采取了顺应自然的同构形态。这可以与孟子的先验道德论和天命论相联系，但《易传》并不是回到

① 参阅《美的历程》第 4 章。
② 参阅《中国古代思想史论·荀易庸记要》。

孟子，相反，《易传》的"天"虽不再是荀子纯自然的"天"，却也不是孟子内在主宰的"天"。它并不像孟子那样从个体人格和内在心性的道德论出发，而是仍如荀子那样，从广阔的人类物质活动和历史以及自然环境出发。[①] 因之，《易传》的"天"仍是外在自然，却类比地拟人地具有着道德的品德和情感的内容。这种品格和情感又只是色调，而并非真正的人格意志。它实质上是审美的、艺术的，而不是宗教神学的或科学认识的。《易传》说"天行健（或乾），君子以自强不息"（《易·乾卦》），"天地之大德曰生"（《易·系辞下》），"日新之谓盛德，生生之谓易"（《易·系辞上》）……都如此。

《易传》中没有人格神对人的主宰支配，相反，它强调的是人必须奋发图强，不断行进，才能与天地自然同步。天地自然在昼夜运转着、变化着、更新着，人必须采取同步的动态结构，才能达到与整个自然和宇宙相同一，这才是"与天地参"，即人的身心、社会群体与天地自然的同一，亦即"天人合一"。这种"同一"或"合一"，不是静态的存在，而是动态的进行，此即"日新之谓盛德"。

可见，孔门仁学由心理伦理而天地万物，由人而天，由人道而天道，由政治社会而自然、宇宙。由强调人的内在自然（情、感、欲）的陶冶塑造到追求人与自然、宇宙的动态同

---

① 参阅《中国古代思想史论》。

构，这就把原典儒学推到了顶峰。宇宙、自然的感性世界在这里既不是负性的（如在许多宗教那里），也不是中性的（在近代科学那里），而是具有肯定意义和正面价值的，并且具有一种情感性的色调和性质。这是孔、孟、荀肯定人的感性存在和生成、重视感性生命的基本观点的一种世界观的升华。

这感性世界的肯定性价值，不是上帝或人格神所赋予，而是通过人的自觉意识和努力来达到。在这里，天大，地大，人亦大，天人是相通而合一的。从而，人可以以其情感、思想、气势与宇宙万物相呼应，人的身心作为的一切规律和形式（包括艺术的一切规律和形式），也正是自然界的宇宙普遍规律和形式的呼应，例如运动、流变、动态平衡、对应统一，等等。《易传》很强调"刚柔相推而生变化"（《易·系辞上》）。就自然界说，"日月相推而明生焉，……寒暑相推而岁成焉"（《易·系辞下》）。就人世说，"通变之谓事"（《易·系辞上》），"功业见乎变"（《易·系辞下》）。所以说"天地变化，圣人效之"（《易·系辞上》）。"易：穷则变，变则通，通则久，是以自天佑之，吉无不利"（《易·系辞下》）。人类应当效法自然，在变化运行中去不断建功立业，求取生成和发展。

《周易》这种认为自然与人事只有在运动变化中存在的看法，即"生成"的基本观点，也正是中国美学高度重视运动、力量、韵律的世界观基础。整个天地宇宙既然存在于它们的生生不息的运动变化中，美和艺术也必须如此。就在似乎是

● 飞阁延风图 ［宋］佚名

完全没有具体事物或现实内容的最抽象的中国书法艺术里，强调的也是这种与大自然相共有而同构的动态的气势、筋骨、运转。在绘画中也如是，东晋《笔阵图》（传卫铄作，实唐代作品①）有"百钧弩发""崩浪奔富"等描容，五代《笔法记》（荆浩）也有"运转变通，不质不形"的传授。中国之所以讲究"线"的艺术，正因为这"线"是生命的运动和运动的生命。所以中国美学一向重视的不是静态的对象、实体、外貌，而是对象的内在的功能、结构、关系；而这种功能、结构和关系，归根到底又来自和被决定于动态的生命。近代著名书

---

① 李泽厚、刘纲纪：《中国美学史》第 2 卷第 12 章第 2 节。

家沈尹默说："不论石刻或是墨迹，表现于外的，总是静的形势；而其所以能成就这样的形势，却是动的成果、动的势，今则静静地留在静的形中。要使静者复动，就得通过耽玩者想象体会的活动，方能期望它再现在眼前。于是在既定的形中，就会看到活泼地往来不定的势。在这一瞬间，不但可以接触到五光十色的神采，而且还会感觉到音乐般轻重疾徐的节奏。凡是有生命力的字，都有这种魔力，使你越来越活。"[1] 书法如此，建筑亦然，这种物质性很强，看来是完全静止的艺术，却通过化空间为时间，而使静中有动，给它注入舒展流走的动态情感。[2] 缺乏内在的动态势能和主体生命，无论在诗、文、书、画、建筑中，都被中国美学看作是水平低劣的表现。这与《周易》强调运动变化的"天人同构"的世界观是有关系的。《周易》这种天人同构的运动世界观，显然把孟子强调道德生命的气势美，经过荀学的洗礼后，提到了宇宙普遍法则的高度，成为儒家美学的核心因素，它也是儒家美学的顶峰极致。

《易传》所强调功能、关系和动态，是与阴阳的观念不可分离的。一切运动、功能、关系都建立在阴阳双方的互相作用所达到的渗透、协调、推移和平衡中，这也就是《易传》所首先描述而为后世所不断发展的种种阳刚阴柔、阳动阴静、

---

① 见《现代书法论文选》，上海，上海书画出版社，1980，第120页。
② 参阅《美的历程》第3章。

空山结屋图 [清] 查士标

阳虚阴实、阳舒阴敛、阳施阴受、阳上阴下、阳亢阴降等既对立又统一的具体的动态关系。它也正是上章所述"乐从和"的"相杂""相济"原理的充分展开和发展。《周易》说："天下至动而不可乱也。"（《易·系辞上》）"至动而不可乱"，即是在各种运动变化中，在种种杂乱对立中，在相摩相荡中，仍然保持着自身的秩序。华人和华夏艺术的美的理想正是如此。它不求凝固的、不变的永恒，而求动态的平衡、杂多中的和谐、自然与人的相对应而一致，把它看作是宇宙的生命、

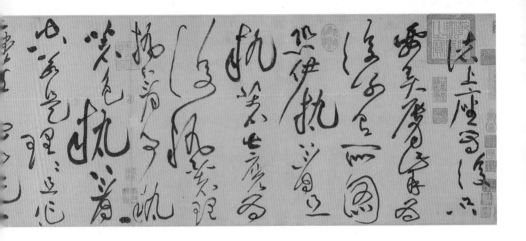

人类的极致、理想的境界、"生成"的本体。

这种天人同构、同类相感的观念本也根源于原始人的类比联想和巫术宗教①，以《周易》为最高代表的儒家丢掉了那些巫术、神话和宗教的解释，将它世俗化、实用化、理知化，形成了这样一个天人（即自然—社会）相通的哲学观。这个哲学观在汉代经阴阳家的自觉融入，便发展丰富而成为一个完整的宇宙论系统，它以突出的形态表现在董仲舒的哲学中。②

本来，《乐记》中就有"万物之理，各依类而动"的观点。在董仲舒这里，人类的情感与天地自然更是非常具体地相类比而感应了。董仲舒强调自然现象的变化同人的情感的变化

---

① 参阅 Frazer（弗雷泽），*The Golden Bough*（《金枝》）。
② 详见《中国古代思想史论·秦汉思想简议》。

有一种相等同、相类似、相互感通、相互对应的关系。董仲舒说：

> 天亦有喜怒之气，哀乐之心，与人相副。以类合之，天、人一也。(《春秋繁露·阴阳义》)

> 人生有喜怒哀乐之答，春秋冬夏之类也。喜，春之答也；怒，秋之答也；乐，夏之答也；哀，冬之答也。天人副在乎人，人之情性有由天者矣。(《春秋繁露·为人者天》)

> 夫喜怒哀乐之发，与清暖寒暑，其实一贯也。喜气为暖而当春，怒气为清而当秋，乐气为太阳而当夏，哀气为太阴而当冬。(《春秋繁露·阴阳尊卑》)

> 今平地注水，去燥就湿；均薪施火，去湿就燥。百物去其所与异，而从其所与同。故气同则会，声比则应，其验，皦然也。试调琴而错之，鼓其宫则他宫应之，鼓其商而他商应之。五宫相比而自鸣，非有神，其数然也。美事召美类，恶事召恶类，类之相应而起也。(《春秋繁露·同类相助》)

等等等等。

这种"天人感应"（自然、季候、政治、人体、社会、情感等相比类而共感）的说法，并非董仲舒首次提出，但他对这种说法作了前所未见的全面系统化的扩展。其中，包含着对主体心理情感与外界事物的同形同构关系的素朴的观察和

● 溪山行旅图 ［北宋］郭熙

猜测。这种"天人感应"的阴阳五行系统论的宇宙观，在汉代逐渐成为整个社会所接受的主要的统治意识形态，并一直影响到今天。它同审美和艺术创造也有密切关系，并极大地影响了后世的美学和文艺理论。

就诗论来看，如：

> 春秋代序，阴阳惨舒。物色之动，心亦摇焉。盖阳气萌而玄驹步，阴律凝而丹鸟羞，微虫犹或入感，四时之动物深矣。若夫珪璋挺其惠心，英华秀其清气，物色相召，人谁获安！是以献岁发春，悦豫之情畅；滔滔孟夏，郁陶之心凝；天高气清，阳沈之志远；霰雪无垠，矜肃之虑深。岁有其物，物有其容，情以物迁，辞以情发。(《文心雕龙·物色》)

这里没有董仲舒的那些神秘的说法了，但仍然确认春、夏、秋、冬的季节和物容的变化同人的情感变化有一种对应关系。历代画论也有类似的看法。

> 春山烟云绵连，人欣欣。夏山嘉木繁阴，人坦坦。秋山明净摇落，人肃肃。冬山昏霾翳塞，人寂寂。（郭熙《林泉高致》）
>
> 山于春如庆，于夏如竞，于秋如病，于冬如定。[1]
>
> 春山如笑，夏山如怒，秋山如妆，冬山如睡，四山之意，山不能言，人能言之。（恽格《画跋》）

"天人同一""天人相通""天人感应"，是华夏美学和艺术创作中广泛而长久流行的观念，这正是自《周易》经董仲舒所不断发展的儒家美学的根本原理，也是几千年来中国历代艺术家所遵循的美学原则。从今天看来，这一原则却又正是"自然的人化"的思想在中国古代哲学和美学中的粗略的和扭曲的表现。

前面已讲到孟子关于大——壮美的理论，主要是道德主体的生命力量。《易经》之后，它便日益成为"天人同构"的动

---

① 沈颢：《画麈》，转引自沈子丞编《历代论画名著编》，北京，文物出版社，1982，第 235 页。

态进程了。《易经》关于乾坤、刚柔、男女、阴阳等的论述中，特别着重于阳。《周易》赋予乾卦以首要和最高位置，指出"乾"是既美且大，"乾始能化美利天下，不言所利，大矣哉。"（《易·乾卦》）这个"乾"，就是董仲舒所极力崇奉的"天"。"天"（"乾元"）的生长本性成就了万物，却不言说自己，便是伟大。这伟大也正在于它（"天""乾"）是永远运动着的刚健力量。正是它推动着世界的发生、万物的成长。所以，儒家美学列以为首位的"阳刚"之美，又总是与健壮的感性力量，与生长苗壮、生动活跃……联系在一起的。就是到了以"冲淡"为美的最高标准的后期封建社会，在美学理论上，也仍然不能不承认阳刚之美的首要位置。如上章所述，司空图《诗品》仍然以"雄浑"——"寥寥长风，荒荒油云"开篇，严羽《沧浪诗话》也仍然要把李、杜奉为正宗。这一切也可以看出，即使在千年之后受到了佛教的影响，儒家和《易传》的基本精神仍难以动摇。

《易经》的刚健乾元不但与儒家孟、荀有关，而且还有其更深厚的历史根底。《易传》中在阐释乾卦时，多次提到了龙的形象，如"飞龙在天"，或"人于渊"或"见于田"，这表明《易传》有其远古原始文化的根源。本来，龙就是具有巨大神秘力量的远古华夏的图腾形象。[1]

---

[1] 参阅《美的历程》第 1 章。

由"龙"的神奇伟大、不可方物的魔力，到孟子的"集义所生"的气势，到荀子、《易传》的"天行"刚健，到董仲舒的自然—社会的阳阴五行系统论，无论是图腾符号，还是伦理主体（孟），或者是宇宙法规（荀、易、董），都是将人的整个心理引向直接的昂扬振奋、正面的乐观进取。它不强调罪恶、恐怖、苦难、病夭、悲惨、怪厉诸因素，也很少有突出的神秘、压抑、自虐、血腥……突出的是对人的内在道德和外在活动的肯定性的生命赞叹和快乐，即使是灾祸、苦难，也认为最终会得到解救：

> 家道穷必乖，故受之以睽。睽者，乖也。乖必有难，故受之以蹇。蹇者，难也。物不可以终难，故受之以解。（《易·序卦》）

"物不可以终难"，便从根本上排斥了不可战胜的命运观念。这大约也是中国古代何以没有产生古希腊那种惊心动魄令人震撼的伟大悲剧作品的原因。

在一切民族里，崇高总先于优美；在中国，由于一开头便排斥了罪恶、苦难、悲惨、神秘等强烈的负性因素，从而也经常避开了现实冲突中那异常惨厉苦痛的一面，总是以大团圆的结局来安抚、欣慰、麻痹以至欺骗受伤的心灵。现实的和心灵的流血看不见了，只剩下一团和气，有如鲁迅所痛

切深刻地揭露过的那样。宗白华从另外的角度也说："……中国人感到宇宙全体是大生命流动，其本身就是节奏与和谐。人类社会生活里的礼和乐是反射着天地的节奏与和谐。一切艺术境界都根基于此。但西洋文艺自希腊以来所富有的悲剧

精神，在中国艺术里却得不到充分的发挥，又往往被拒绝和闪躲。人性由剧烈的内心矛盾才能掘发出的深度，往往被浓挚的和谐愿望所淹没。固然中国人心灵里并不缺乏那雍穆和平大海似的幽深，然而由心灵的冒险，不怕悲剧，从窥探宇宙人生的危岩雪岭，而为莎士比亚的悲剧、贝多芬的乐曲，这却是西洋人生波澜壮阔造诣。"[①]

这相当委婉地道出了中国美学的特征。这就是以非酒神型的"礼乐传统"为历史根基，以"浩然之气"和"天人同构"为基本特点的儒家美学所产生出来的长处和弱点、优点和问题。

从本章和上章可以看出，儒家美学是华夏美学的基础和主流，它有着深厚的传统渊源和深刻的哲学观念，它的系统论的反馈结构又使它善于不断吸取和同化各种思潮、文化、体系而更新、发展自己。[②]

下面便是道、骚、禅各家如何在与儒家美学相歧异、碰撞中出现而又被吸收同化，从而使华夏美学不断前进的粗略概观。

---

① 宗白华：《艺术与中国社会》，见《学识》第 1 卷第 12 期，南京，1947 年 10 月。

② 参阅《中国古代思想史论》。

第 三 章

儒道互补

1. "逍遥游"：审美的人生态度

在《美的历程》一书中，我提出"儒道互补"这个概念，在某些人反对过一阵之后，看来现在已被普遍接受。其实，这是一个众所周知、前人也多次讲过的历史事实。儒道之所以能互补，我以为根本原因仍在于，它们二者都源起于非酒神型的远古传统。尽管道家反礼乐，却并不是那纵酒狂欢、放任感性的酒神精神。从思想史的角度看，道家的主要代表庄子，毋宁是孔子某些思想、观念和人生态度的推演、发展者。所以，《美的历程》曾认为：

> 还要从孔子开始。孔子世界观中的怀疑论因素和积极的人生态度（"敬鬼神而远之，可谓知矣""知其不可而为之"等），一方面终于发展为荀子、《易传》的乐观进取的无神论（"制天命而用之""天行健，君子以自强不息"），另一方面则演化为庄周的泛神论。孔子对氏族成员个体人格的

尊重（"三军可夺帅也，匹夫不可夺志也"），一方面发展为孟子的伟大人格理想（"富贵不能淫，贫贱不能移，威武不能屈"），另一方面也演化为庄子的遗世绝俗的独立人格理想（"彷徨乎尘垢之外，逍遥乎无为之业"）。表面看来，儒、道是离异而对立的，一个入世。一个出世，一个乐观进取，一个消极退避；但实际上它们刚好相互补充而协调。不但"兼济天下"与"独善其身"经常是后世士大夫的互补人生路途，而且悲歌慷慨与愤世嫉俗，"身在江湖"而"心存魏阙"，也成为中国历代知识分子的常规心理及其艺术意念。但是，儒、道又毕竟是离异的。如果说荀子强调的是"性无伪则不能自美"，那么庄子强调的却是"天地有大美而不言"，前者强调艺术的人工制作和外在功利，后者突出的是自然，即美和艺术的独立。如果前者由于其狭隘实用的功利框架经常造成对艺术和审美的束缚、损害和破坏；那么，后者则恰恰给予这种框架和束缚以强有力的冲击、解脱和否定。浪漫不羁的形象想象，热烈奔放的情感抒发，独特个性的追求表达，它们从内容到形式不断给中国艺术发展提供新鲜的动力。庄子尽管避弃现世，却并不否定生命，而毋宁对自然生命抱着珍贵爱惜的态度，这使他的泛神论的哲学思想和对待人生的审美态度充满了感情的光辉，恰恰可以补充、加深儒家而与儒家一致。所以说，老、庄道家是孔学儒家的对立的补充者。

那么，这个"对立的补充"是如何具体进行的呢？我以为，道家和庄子提出了"人的自然化"的命题，它与"礼乐"传统和孔门仁学强调的"自然的人化"，恰好既对立，又补充。

如果说，儒家孔、孟、荀着重在人的心理情性的陶冶塑造，着重在人化内在的自然，使"人情之所以不免"的自然性的生理欲求、感官需要取得社会性的培育和性能，从而它所达到的审美状态和审美成果经常是悦耳悦目、悦心悦意，大体限定或牵制在人际关系和道德领域中，那么，以庄子为代表的道家特征却恰恰在于超越这一点。庄子说：

> 颜回曰：回益矣。仲尼曰：何谓也？曰：回忘仁义矣。曰：可矣，犹未也。他日，复见，曰：回益矣。曰：何谓也？曰：回忘礼乐矣。曰：可矣，犹未也。他日，复见，曰：回益矣。曰：何谓也？曰：回坐忘矣。仲尼蹴然曰：何谓坐忘？颜回曰：堕肢体，黜聪明，离形去知，同于大道，此谓坐忘。仲尼曰：同则无好也，化则无常也。而果其贤乎！丘也请从而后也。(《庄子·大宗师》)

连孔老夫子也愿"从而后"的"坐忘"，是庄子抬出来以超越儒家的"礼乐"（作用于肢体、感官）、"仁义"（诉之于心知、意识）的更高的人生境界和人格理想。这个人格和境界的特点即在于，它鄙弃和超脱了耳目心意的快乐，"形如槁木，心如死灰"，超功利，超社会，超生死，亦即超脱人世一切内在外在的欲望、利害、心思、考虑，不受任何内在外在的好恶、是非、美丑以及形体、声色……的限制、束缚和规范。这样，也就使精神比如身体一样，能翱翔于人际界限之上，而与整个大自然合为一体。所以，如果说儒家讲的是"自然的人化"，那么庄子讲的便是"人的自然化"：前者讲人的自然性必须符合和渗透社会性才成为人；后者讲人必须舍弃其社会性，使其自然性不受污染，并扩而与宇宙同构才能是真正的人。庄子认为只有这种人才是自由的人、快乐的人，他完全失去了自己的有限存在，成为与自然、宇宙相同一的"至人""神人"和"圣人"。所以，儒家讲"天人同构""天人合一"，常常是用自然来比拟人事、迁就人事、服从人事；庄子的"天人合一"，则是要求彻底舍弃人事来与自然合一。儒家从人际关系中来确定个体的价值，庄子则从摆脱人际关系中来寻求个体的价值。这样的个体就能做"逍遥游"：

> 若夫乘天地之正，而御六气之辩，以游无穷者，彼且恶乎待哉。（《庄子·逍遥游》）
>
> 乘云气，骑日月，而游乎四海之外。死生无变于己，而况利害之端乎？（《庄子·齐物论》）

> 与造物者为人，而游乎天地之一气……忘其肝胆，遗其耳目；反覆终始，不知端倪；茫然彷徨乎尘垢之外，逍遥乎无为之业。（《庄子·大宗师》）

这种"逍遥游"是"无所待"，从而绝对自由。它"忘其肝胆，遗其耳目""死生无变于己，而况利害之端"，连生死、身心都已全部忘怀，又何况其他种种？正因为如此，它就能获得像大自然那样巨大的活力："抟扶摇而上者九万里""背负青天而莫之夭阏者"（《庄子·逍遥游》）。这是一种莫可阻挡的自由和快乐。庄子用自由的飞翔和飞翔的自由来比喻精神的快乐和心灵的解释，是生动而深刻的。之所以生动，因为它以突出的具体形象展示了这种自由；之所以深刻，因为它以对自由飞翔所可能得到的高度的快乐感受，来作为这种精神自由的内容。这是在两千多年以前。就在今天，如果能不假借于飞机飞艇，而能"御风而行""游于无穷"，那也该是多么愉快的事。只在睡眠中，有时才有这种愉快的飞行之梦，据 Freud（弗洛伊德），那与性欲的变相宣泄有关，它的确展示了生存的极大愉快。

当然，庄子讲的主要并非身体的飞行，而是由精神的超脱所得的快乐。这种"快乐"不是"有朋自远方来不亦乐乎"（孔）的乐，不是"得天下英才而教育之"（孟）的乐。它已不是儒家那种属伦理又超伦理的乐，而是反伦理和超伦理的

乐。不仅超伦理，而且是超出所有喜怒哀乐、好恶爱憎之上的"天乐"。所谓"天乐"，也就是与"天"（自然）同一，与宇宙合规律性的和谐一致：

> 与天和者，谓之天乐。（《庄子·天道》）
>
> 知天乐者，其生也天行，其死也物化……无天怨，无人非……以虚静推于天地，通于万物，此之谓天乐。（同上）

与这种"天乐"相比，任何耳目心意的乐就不但低劣得无法比拟，而且还正是与这"天乐"相敌对而有害：

> 钟鼓之音，羽旄之容，乐之末也。（同上）
>
> 失性有五，一曰五色乱目，使目不明；二曰五声乱耳，使耳不聪；三曰五臭薰鼻，困惾中颡；四曰五味浊口，使

口厉爽；五曰趣舍滑心，使性飞扬。此五者，皆生之害也。（《庄子·天地》）

悲乐者，德之邪；喜怒者，道之过；好恶者，心之失。（《庄子·刻意》）

可见，这种"逍遥游"获得的"天乐"，是以排除所有这些耳目心意的感受、情绪为前提，从而它是以"忘"为特点的：忘怀得失，忘己忘物。庄子一再强调的，正是这个"忘"字："相忘以生""不如相忘于江湖""吾丧我"，以及蝴蝶庄周的著名故事（"不知周之梦为蝴蝶欤，蝴蝶之梦为周欤"）（《庄子·齐物论》）。只有完全忘掉自己的现实存在，忘掉一切耳目心意的感受计虑，才有可能与万物一体而遨游天地，获得"天乐"。所以，这种"天乐"并不是一般的感性快乐或理性愉悦，它实际上首先指的是一种对待人生的审美态度。

它之所以是审美态度，是因为它的特点在于：强调人们必须截断对现实的自觉意识，"忘先后之所接"，而后才能与对象合为一体，获得愉快。庄子的所谓"心斋"可以作这种解释。

敢问心斋。仲尼曰，若一志，无听之以耳，而听之以心；无听之以心，而听之以气。听止于耳，心止于符。气也者，虚而待物者也。唯道集虚。虚者，心斋也。……虚室生白，

吉祥止止。(《庄子·人间世》)

感官受制于见闻，心思被束于符号；只有摒弃它们，成为无为的虚空，而后才能感应天地、映照万物，达到与宇宙自然合一。这也就是上述的"天乐"。"天乐"在庄子眼里，也就是"至乐"，即最大的快乐。但"至乐无乐"，最大的快乐恰恰超越了一般的乐或不乐。它无所谓乐不乐，它已经完全失去了主观的目的、意志、感受、要求，而与自然的客观规律性并成一体。要做到这一点，就必须"虚""静""明"，即排除耳目心意，从而培育、发现、铸造实即积淀成一种与道同体（"唯道集虚"）的纯粹意识和知觉。这有点类似于Husserl的"纯粹意识"，但它不是认识论的。

庄子关于这种"虚""静""明"有大量论述。如：

静则明，明则虚，虚则无为而无不为也。(《庄子·庚桑楚》)

水静犹明，而况精神！圣人之心静乎！天地之鉴也，万物之镜也。(《庄子·天道》)

总之，不为一时之耳目心意所左右，截断意念，敞开观照，这样精神便自由了，心灵便充实了，人便可以逍遥游了，"天地与我并生，万物与我为一"（《庄子·齐物论》）的最高境界也就达到了。

可见，比儒家《周易》所强调的同构吻合、天人感应又进了一步，庄子这里强调的是完全泯灭物、我、主、客，从而它已不只是同构问题（在这里主客体相吻合对应），而是"物化"问题（在这里主客体已不可分）。这种主客同一却只有在上述那种"纯粹意识"的创造直观中才能呈现。它既非心理因果，又非逻辑认识，也非宗教经验，只能属于审美领域。

> 庄子与惠子游于濠梁之上。庄子曰，鯈鱼出游从容，是鱼乐也。惠子曰:子非鱼,安知鱼之乐？庄子曰,子非我,安知我不知鱼之乐？惠子曰,我非子,固不知子矣。子固非鱼也，子之不知鱼之乐全矣。庄子曰,请循其本,子曰汝安知鱼乐云者，既已知吾知之而问我，我知之濠上也。（《庄子·秋水》）

在这个著名的论辩中，惠子是逻辑的胜利者，庄子却是美学的胜利者。当庄子遵循着逻辑论辩时（"子非我，安知我不知鱼之乐？"），他被惠子打败了。但庄子立即回到根本的原始直观上：你是已经知道我知道鱼的快乐而故意问我的，我的这种知道是直接得之于濠上的直观；它并不是逻辑的，更不是逻辑议论、理知思辨的对象。本来，从逻辑上甚至从

科学上，今天恐怕也很难证明何谓"鱼之乐"。"鱼之乐"这三个字究竟是什么意思，恐怕也并不很清楚。鱼的从容出游的运动形态由于与人的情感运动态度有同构照应关系，使人产生了"移情"现象，才觉得"鱼之乐"。其实，这并非"鱼之乐"而是"人之乐"；"人之乐"通过"鱼之乐"而呈现，"人之乐"即存在于"鱼之乐"之中。所以它并不是一个认识论的逻辑问题，而是人的情感对象化和对象的情感化、泛心理化的问题。庄子把这个非逻辑方面突出来了。而且，突出的又并不只是这种心理情感的同构对应，庄子还总是把这种对应泯灭，使鱼与人、物与己、醒与梦、蝴蝶与庄周……完全失去界限。"……梦为鸟而厉乎天，梦为鱼而没于渊。不识今之言者，其觉者乎？其梦者乎？造适不及笑，献笑不及排，安排而去化，乃入于寥天一。"（《庄子·大宗师》）这种不知梦醒、物我、主客而与"道"同一（"寥天一"，即"道"）的境地，便是最适意不过的了。它是最高的快乐，也即是真正的自由。《庄子》的众多注释者们曾指出：

> 造适不及笑：形容内心达到最适意的境界。（李勉说）
>
> 林希逸说：意有所适，有时而不及笑者，言适之甚也。亦犹在诗所谓"惊定乃拭泪"。乐轩先生亦云，"及我能哭，惊已定矣"。此言惊也，造适言喜也。惊喜虽异，而不及之意同。
>
> 献笑不及排：形容内心适意自得而于自然中露出笑容。
>
> 林希逸说："此笑出于自然，何待安排。"……①

这不是高级的审美快乐又是什么呢？它既非宗教的狂欢，又非世俗的快乐，正是一种忘物我、同天一、超利害、无思

---

① 陈鼓应：《庄子今注今译》，北京，中华书局，1984，第201页。

虑的所谓"至乐""天乐"。

上引对"造适不及笑"的注释，似乎主要是从心理角度去描述的审美事实。其实这里更重要的是，庄子强调这种审美事实的哲学意义：作为庄子的最高人格理想和生命境地的审美快乐，不只是一种心理的快乐事实，而更重要的是一种超越的本体态度。这种态度并不同于动物的浑浑噩噩、无知无识，尽管庄子强调它们在现象形态上的相同或相似。它既不是动物性的自然感性，又不是先验的产物或神的恩宠，而是在人的经验中又超经验的积淀本体和形上境界，是经由"心斋""坐忘"才能达到的纯粹意识和创造直观。它强调的是人与自然（天地万物）的同一，而并非舍弃自然（天地万物）。它追求在与宇宙、自然、天地万物同一中，即所谓"与道冥同"中，来求得超越，**从而这种超越又仍然不脱离感性**，尽管这已经是一种深刻的具有积淀本体的感性。有这个超越，便使人在任何境遇都可以快乐，可以物我两忘，主客同体。有如另一位说庄者所说，"与物玄同，则无不适矣。无不适则忘适矣。"① 忘适之适，正是在感性中积淀了理性的本体，前面所讲的种种排除耳目心意，也正是为了此积淀的出现。

儒家美学强调"和"，主要在人和，与天地的同构也基本落实为人际的谐和。庄子美学也强调"和"，但这是"天

---

① 刘凤苞：《南华雪心编》，北京，中华书局，第207页。

和"。所谓"天和"也就是上面讲的"与道冥同"。天地万物或大自然本身是不断成长衰亡的有生命的事物，人所达到的"天和"或"与道冥同""与物玄同"也如此，它同样是有生命的：

> 惠子谓庄子曰，人故无情乎？庄子曰：然。……惠子曰，既哀之人，恶得无情？庄子曰，是非吾所谓情也。吾所谓无情者，言人不以好恶内伤其身，常因自然而不益生也。(《庄子·德充符》)

> 其心志，其容寂。……凄然似秋，煖然似春；喜怒通四时，与物有宜而莫知其极。(《庄子·大宗师》)

不必人为地去强求益生，而自自然然地会生长得很良好；不必人为地具有喜怒好恶等感情，而自自然然地如四时那样有喜怒煖凄的感情；即使在种种激烈诡异的论证争辩中，庄子始终没有舍弃生命和感性。相反，"与物为春"(《庄子·德充符》)、"万物复情"(《庄子·天地》)，重视情感、肯定生命的人性（不是神性）追求，仍然是基调。这与庄子一贯重视的"保身全生"的主张完全一致。所以，庄子哲学是既肯定自然存在（人的感情身心的自然和外在世界的自然），又要求精神超越的审美哲学。庄子追求的是一种超越的感性，他将超越的存在寄存在自然感性中，所以说是本体的、积淀的感性。不假人为，不求规范，庄子就这样提出了在儒家阴阳刚柔、应对进退的同构感应之上的更高一级的"天人合一"即"与道冥同"。这种"天人合一"之所以可能，正在于它以这种积淀了理性超越的感性为前提、为条件。

人们经常重视和强调儒、道的差异和冲突，低估了二者在对立中的互补和交融。其实，庄子激烈地提出这种反束缚、超功利的审美的人生态度，早就潜藏在儒家学说之中。

《庄子》中多次称引颜回，内篇中还有借孔子名义来宣讲自己主张的地方。郭沫若以及其他一些人曾经认为庄子出于颜回，并非毫无道理。孔子本人就有那个"吾与点也"的著名故事：

> 子路、曾皙、冉有、公西华侍坐。子曰："以吾一日长乎尔，毋吾以也，居则曰：'不吾知也'，如或知尔，则何以哉？"子路率尔而对曰："千乘之国，摄乎大国之间，加之以师旅，因之以饥馑，由也为之，比及三年。可使有勇，且知方也。"夫子哂之。"求，尔何如？"对曰："方六七十，如五六十，求也为之，比及三年，可使足民。如其礼乐，以俟君子。""赤，尔何如？"对曰："非曰能之，愿学焉。宗庙之事，如会同，端章甫，愿为小相焉。""点，尔何如？"鼓瑟希，铿尔，舍瑟而作。对曰："异乎三子者之撰。"子曰："何伤乎，亦各言其志也。"曰："暮春者，春服既成，冠者五六人，童子六七人，浴乎沂，风乎舞雩，

咏而归。"夫子喟然叹曰："吾与点也。"(《论语·先进》)

此外，孔子还有"用之则行，舍之则藏"(《论语·述而》)，"道不行，乘桴浮于海"(《论语·公冶长》)，"邦有道，危言危行；邦无道，危行言逊"(《论语·宪问》)，"邦有道则智，邦无道则愚；其智可及也，其愚不可及也"(《论语·公冶长》)等著名观念。《中庸》有"国无道，其默足以容"。《周易》也有"不事王侯，高尚其事"(《易·蛊卦》)。就是最重人为事功的儒门《荀子》中，也有这样的记载：

> 子路入。子曰："由，知者若何？仁者若何？"子路对曰："知者使人知己，仁者使人爱己。"子曰："可谓士矣。"子贡入，子曰："赐，知者若何？仁者若何？"子贡对曰："知者知人，仁者爱人。"子曰："可谓士君子矣。"颜渊入，子曰："回，知者若何？仁者若何？"颜渊对曰："知者自知，仁者自爱。"子曰："可谓明君子矣。"(《荀子·子道》)

与《论语》中"知之者，不如好之者；好之者，不如乐之者"三层次相当，这里是人爱、爱人、爱己三等级。最后一级的"自爱""自知"之所以高出前二者，显然不是因为它自私地爱自己，而是由于它着重在不事外求、不假人为、不立事功而自自然然地功效自显。所有这些，不都在精神上有与庄子相接

仇十洲畫 文徵明書 聖績圖

● 孔子画像

通之处吗？

　　不同在于，对孔子和儒门来说，这种种"咏而归""自爱自知"，大概应该在"治国平天下"之后。所以，孔子并不否定子路、子贡、宰我、冉有的志趣理想；不仅不否定，还给予一定的积极评价，只是认为这些并不是人生的最高理想。从而，这个"最高"就在原则上并不排斥、拒绝前面那些较低的人生态度或生命层次。这个"最高"的人生理想或人生态度就既可以有历时性的顺序，如后世所谓"功成身退""五十致仕"之类，在人际功业、道德完成之后来追求或实现这种超脱；也可以是共时性的同步，即在劳碌奔波、救世济民之际，仍然保持一种超脱精神。并且，正因为有这种超功利超生死的所谓出世精神或态度，就使自己的救世济民活动可以获得更强大的精神支撑：因为有了这种与自然同一与万物共朽的超世的心理支撑，也就不需要任何外在的旨意或命令，也不需要任何内在的狂热和激情，而是自自然然地"知其不可而为之"。他忧国忧民（对人际），而又旷达自若（对自己）。以不执着任何世俗去对待世俗，这也就是冯友兰所谓"以天地胸怀来处理人间事务"，"以道家精神来从事儒家的业绩"的"天地境界"。①冯没指出这"天地境界"实际是一种对人生的审美境界。

但是，这大半是儒家的乌托邦，在实际中能达到这一境界的人极少。客观环境和历史情况常常难以允许这种可能存在。经常看到的，要么就是"杀身成仁，舍生取义"，牺牲个体以服务人际；要么就是"舍之则藏""既明且哲，以保其身"，从政治斗争中退避下来，不问世事，以山水自娱。在漫长的中国传统社会中，毕竟以后一种为最多。就是像王安石那样的积极有为、从事改革的儒家政治家，也曾多次要求辞职，并终于退隐，做半山老人，来抒写其欣赏自然风光的诗篇。

---

① 冯友兰：《新原人》。

特别在"道不行""邦无道"或家国衰亡、故土沦丧之际，常常使许多士大夫知识分子追随漆园高风，在庄、老道家中取得安身，在山水花鸟的大自然中获得抚慰，高举远慕，去实现那种所谓"与道冥同"的"天地境界"。这种人生态度和生命存在，应该说，便也不是一般感性的此际存在或混世的人生态度，而是具有形上超越和理性积淀的存在和态度。从而，"它可以替代宗教来作为心灵创伤、生活苦难的某种安息和抚慰。这也就是中国历代士大夫知识分子在巨大失败或不幸之后，并不真正毁灭自己或走进宗教，而更多是保全生命，坚持节操，隐逸遁世，而以山水自娱，洁身自好的道理。"①

尽管如此，从事实看，这些人却常常并没有也未能彻底忘怀"君国""天下"，并不真正背弃孔门儒学。韩愈说："山林者，士之所独善自养而不忧天下者之所能安也，如有忧天下之心，则不能矣。"② 朱熹说："隐者多是带性负气之人为之，陶（指陶潜）欲有为而不能者也。"③ 而"对于中国历代隐士作一番系统的研究以后，就可以发现隐士之中始终不变的仅占到很小的比数……他们总不免出山从政"。④ 以庄子为代表的道家哲学的主要影响是在士大夫知识阶层，这个阶层毕竟首

① 《中国古代思想史论》，第 218 页。
② 《韩昌黎全集》，卷 16，"29 日复上宰相书"。
③ 《朱子语类》，卷 140.
④ 蒋星煜：《中国隐士与中国文化》，上海，中华书局，1947，第 22 页。

先是儒家孔学的门徒,他们所遵循的"学而优则仕"(《论语·子张》)、"吾岂匏瓜也哉,焉能系而不食"(《论语·阳货》)的人生道路,和"心忧天下""济世安邦"的人生理想,都使得庄子道家的这一套始终只能处在一种补充、从属的地位,只能作为他们的精神慰安和清热解毒剂,不能成为独立的主体。即使在庄老风行、玄学高张的魏晋时代,尽管诗文、观念以及行为中充满了归隐、游仙、追求避世、旷达放任等反礼法、弃儒学的突出现象,但不仅这风尚只持续了相当短暂的时期,而且这些名士们,从何晏、王弼、阮籍、嵇康一直到谢灵运,在现实生活中却正是当时激烈的政治斗争的卷入者和牺牲品。庄、老道家毕竟只是他们所找到的幻想的避难所和精神上的慰安处而已。他们生活、思想以至情感的主体,基本上仍然是儒家的传统。从实际看,情况便是这样。

从理论看,如前所述,庄子虽以笑儒家、嘲礼乐、反仁义、超功利始,却又仍然重感性,求和谐,主养生,肯定生命,所以它与孔门儒学倒恰好是由相反而相成的,即儒、道或孔、庄对感性生命的肯定态度是基本一致或相同相通的。所以,"比较起来,在根本气质上,庄子哲学与儒家的'人与天地参'的精神仍然接近,而离佛家、宗教以及现代存在主义反而更为遥远。"[1]也正因为儒、道有这个共同点,它们才可能对士大

①《中国古代思想史论》,第190页。

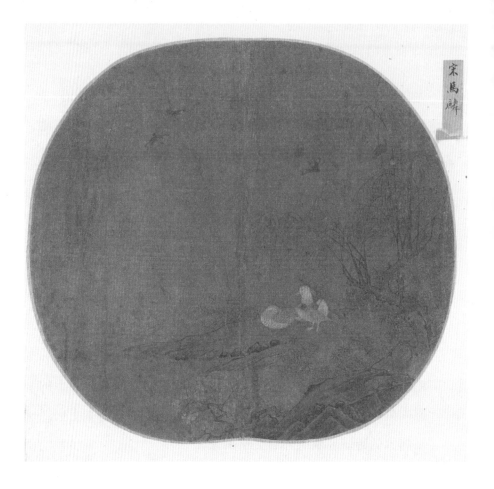

夫知识分子共同起着作用而相互渗透、补充。

本来，如果儒、道是截然两物，毫不相干，也就很难谈得上互补。渗透是互补的前提，又是互补的结果。这个结果却又显然是儒家占了上风。无论在现实生活中，还是在思想情感中，儒家孔孟始终是历代众多的知识分子的主体或主干。但由于有了庄、老道家的渗入和补充，这个以儒为主的思想情感便变得更为开阔、高远和深刻了。

特别是，庄子那种齐物我、一死生、超利害、忘真幻的人生态度和哲学思想，用在现实生活中，显然很难行得通，也很少有人真正采取这种态度；但把它用在美学和文艺上，却非常恰当和有效。事实也正是这样，信奉儒学或经由儒学培育的历代知识分子，尽管很少在人生道路上真正实行庄子那一套，但在文艺创作和审美欣赏中，在私人生活的某些方面中，在对待和观赏大自然山水花鸟中，却吸收、采用和实行了庄子。《庄子》本身对他们就是一部陶情冶性的美学作品。总的来看，庄子是被儒家吸收进来用在审美方面了。庄子帮助了儒家美学建立起对人生、自然和艺术的真正的审美态度。

2. "天地有大美而不言"：审美对象的扩展

由于"逍遥游"式的审美态度的建立，便极大地扩展了人们的审美对象（美学客体）。这两者本是同一回事。

如上所述，庄子"谈'春'、说'情'、重'和'，都意味着并不把自然、世界、人生、生活看作完全虚妄和荒谬，相反，仍然执着于它们的存在，只是要求一种'我与万物合而为一'的人格理想。庄子对大自然的极力铺陈描述，他那许多瑰丽奇异的寓言故事，甚至他那汪洋自恣的文体，也表现出这一点"。[1]

庄子对他所要求的人格理想，曾多次加以形象地描绘：

> 藐姑射之山，有神人居焉，肌肤若冰雪，绰约若处子，不食五谷，吸风饮露，乘云气，御飞龙，而游乎四海

---

[1] 《中国古代思想史论》，第 190 页。

之外……（《庄子·逍遥游》）

　　至人神矣！大泽焚而不能热，河汉沍而不能寒，疾雷破山风振海而不能惊。若然者，乘云气，骑日月，而游乎四海之外。（《庄子·齐物论》）

　　……

　　这不就是本章一开头便征引的能做"逍遥游"的主人翁么？这种与宇宙同体的人格理想是气势磅礴、壮丽无比的。在庄子这里，其特点正在：这种主体人格的绝对自由是通过客观自然的无限广大来呈现的，它也就是庄子最主要的审美对象：无限的美、"大美"、壮美。

　　秋水时至，百川灌河，泾流之大，两涘渚崖之间不辨牛马。于是河伯欣然自喜，以为天下之美为尽在己。顺流而东行，至于北海。东面而视，不见水端。于是焉河伯始旋其面目，望洋向若而叹……（《庄子·秋水》）

　　河伯以其巨大自以为美了，然而面对无崖涘、不见水端的北海，便只好望洋兴叹，在无限面前羞愧了。这种无限的美，是"千里之远，不足以举其大；千仞之高，不足以极其深"（《庄子·秋水》），"不为顷久推移，不以多少进退"（同上）的。这种展现在无限时空中的美，便是"天地之大美"。

孟子区分了美与大。孟子的大与庄子所说的大有区别。前者指的是个体的道德精神的伟大，具有浓厚的伦理学色彩，……后者指的是不为包括社会伦理道德在内的各种事物所束缚的个体自由和力量的伟大。……所以这是两种不同的"大"。尽管都在追求着个体人格的无限，却具有两种不同的美。如果拿唐代书法艺术的美来看，颜真卿书法的美接近于前者，怀素书法的美却接近后者。而后一种"大"的美在中国艺术的发展中是更有活力的。因为它已经脱出了伦理学的范围而成为纯审美的了。①

如上节所已揭示，这种所谓纯审美，并非如 Kierkegaard（克尔凯郭尔）所以为，是低于道德范畴的悦耳悦目的一般感

① 李泽厚、刘纲纪：《中国美学史》第 1 卷，第 256 页。

性快乐，而是前述那种超越道德之上的"至乐"——与无限自然同一的积淀感性。这种积淀感性以及其对象——无限的美，便正是那不可言说的本体存在。应该说，庄子的"大美"既是儒家《易传》乾卦刚健美的提升，又是它的极大的补足。之所以说提升，是由于庄子的"大美"更高蹈地进入了那无限本体；之所以说补足，是由于庄子的"大美"特别着重与主体人格理想的密切联系，而不同与乾卦着重与外在世界相关。所以庄子的"天地有大美而不言"，虽呈现为外在的客观形态，实质却同样是指向那最高的"至人"人格。这样，就在追求理想人格这一层次上实现了儒道互补。有了庄子这一补充，儒家的理想人格便变得脱俗非凡，特别是它那"与天地参"的气概便变得更为浑厚自如了。

　　天地的大美既然与人格理想相关，从而，只要具有超然物外的主体人格，只要采取"逍遥游"的审美态度，则所遇可以莫非美者。即使外形丑陋不堪，也可以是美。庄子讲了好些外形丑而人格美的寓言故事，从那"不中绳墨""大本臃肿""小枝卷曲"（《庄子·逍遥游》）的无用的樗树，到那些"阍跂支离无脤"（跛脚、驼背、缺唇）和"瓮瓷大瘿"（颈上长着大瘤）（《庄子·德充符》）的说客，庄子在极尽夸张的描写中，所要突出的是"故德有所长而形有所忘"（同上），"非爱其形也，爱使其形者也"（同上）。美在于内在的人格、精神、理想，而不在外在的表体状貌。

庄子从而极大地扩展了美的范围，把丑引进了美的领域。任何事物，不管形貌如何，都可以成为美学客体即人的审美对象，在文艺中，诗文中的拗体，书画中的拙笔，园林中的怪石，戏剧中的奇构，各种打破甜腻的人际谐和、平宁的中和标准的奇奇怪怪，拙重生稚、艰涩阻困，以及"谬悠之说，荒唐之言，无端崖之辞"（《庄子·天下》）等，便都可成为审美对象。中国艺术因之而得到巨大的解放，它不必再拘于一般的绳墨规矩，不必再斤斤于人工纤巧的计虑。艺术中的大巧之拙，成为比工巧远为高级的审美标准。因为所欣赏的并非其外形，而是透过其形，欣赏其"德"——"使其形者"，这也就是"道"。欣赏所得也并不是耳目心意的愉悦感受，而是"与道冥同"的超越的形上品格。

前章讲孟子以"圣""神"为人格极致。"画圣""诗圣""神品"在文艺领域被视为最高品级。张怀瓘说："不可以智识，不可以勤求。若达士游乎沉默之乡，鸾凤翔乎大荒之野"，"千变万化，得之神功，自非造化发灵，岂能登峰造极。"[1] 所谓"沉默之乡""大荒之野"，便显露出庄子的影响。同时，"逸品"被提出，并且不久就从"神""妙""能"三品之后，一下被提升到首位："画之逸格，最难其俦。拙规矩于方圆，鄙精研于彩绘，笔简形具，得之自然，莫可楷模，出于意表。"[2] "画家神品为崇极，又有以逸品加于神品之上者，曰失之自然而后神也"。[3] 原来别为一格的"逸品"不但被纳入"神""妙""能"的品评系统中，而且被尊居首，这种美学批评标准的变化，相当典型地既展现了庄子、道家（"逸品"也与禅宗影响有关，详见第五章）对儒家美学原有规范尺度的突破，更表明这种突破很快被同化和纳入在原有的品评系统中，既成为一种补充，又成为一种提高。

庄子和道家哲学很强调"自然"。"自然"有两种含义：一种是自自然然，即不事人为造作；另一种即是自然环境、山水花鸟。这两种含义也可以统一在一起，你看那大自然，不需要任何人工而多美丽！

从而，如何理解和对待自然，便成了这种"突破和补充"

---

① 张怀瓘：《书断》中。

② 休复：《益州名画录》。

③ 董其昌：《画禅室随笔》，转引自《历代论画名著汇编》。

的一个十分重要的环节。

在孔子，本就有"仁者乐山，知者乐水"等对自然的亲切态度，但其最终的落脚处却仍然是人："知者乐，仁者寿"（《论语·雍也》），人始终是自然的主人，人的主体始终优于自然的客体。但庄子不然，"天地有大美而不言"，自然优于人为，天地长于人世。庄子的理想人格（"至人""真人""神人"）不是知识的人、事功的人、伦理的人，而是与天地宇宙相同一的自然的人。正是：自然无限美，人生何渺茫。以巨大的自然来对比渺小的人世，构成了这种"突破和补充"的一项重要的具体内容，它极大地影响中国知识分子的心境和他们的文艺、美学。它使儒家传统的情感化时间和人生感叹获得了更高蹈的内容。

李白诗曰：

问余何事栖碧山，笑而不答心自闲；桃花流水窅然去，别有天地非人间。

越王勾践破吴归，义士还家尽锦衣，宫女如花满春殿，只今惟有鹧鸪飞。

繁华短促，自然永存；宫殿废墟，江山长在。为中国无数诗人作家所咏叹不已的，不正是这种人世与自然、有限与永恒的鲜明对照从而选择和归依后者么？"千秋永在的自然山水高于转瞬即逝的人世豪华，顺应自然胜过人工造作，丘园泉石长久于院落笙歌"[1]，连巨大的人世功业也如此短暂，作为个体的英雄就更为渺小了。从而歌颂记录这一切的诗文艺术，相对来说，便更不足道了。李贽说："尧夫云：'唐虞揖让三杯酒，汤武征诛一局棋。'夫征诛揖让何等事也，而以一杯一局觑之，至渺小矣。"[2]如果连正统儒家的著名代表（邵雍）

---

[1] 《美的历程》第 9 章。
[2] 李贽：《焚书》卷 3，"杂说"。

● 西湖春晓图 ［宋］

都有这种观念，这就表明，自《庄子》在魏晋以来被知识分
子所广泛诵读接受后，所谓儒家便已不再是原来的样子了。
欧阳修诗曰："无为道士三尺琴，中有万古无穷音……听不以
耳而以心，心意既得形骸忘，不觉天地白日愁云阴。"这也既
是儒，又是道，实际是引道入儒，儒道互补。

如第一章所指出，诗（"言志"）文（"载道"）之分途，
词曲的涌现，人物画让位于山水画，这是儒家美学本身酝酿
的矛盾发展，即人的自然感情与社会理性的矛盾发展，但这
一矛盾之所以采取了走向对外的客观自然的欣赏方向，却无

疑是庄子哲学的作用。庄子以心灵—自然欣赏的哲学，突破了补充了儒家的人际—伦常政教的哲学。

从艺术各个种类看，也都在内容和形式上表现出这种重精神轻物质的倾向特点。如果不算万里长城，中国很少留下极显人力的作品，没有金字塔，没有巨大石建筑，较少圆雕，也没有 Michelangelo（米开朗基罗）……总之，缺少人工造作的物质力量以显现与自然对抗或对自然的征服。相反，总追求与自然的谐和，追求从属于自然、服从于自然而与自然相一致。因为，既然任何宏伟庞大的建筑物体，任何精雕细绘的人世画图，无论是宫殿庙宇还是帝王事业、英雄勋功……到头来，"只今惟有鹧鸪飞"，永远敌不过那青春长在的大自然，那么又何必苦心孤诣惨淡经营这种种转瞬即逝的世俗课题、功业建设、物质力量，而不投身自然，与宇宙合为一体呢？即使不能做到这一点，就生活在大自然中，比较起来，不也更为优越和高超么？"别有天地非人间"，碧山之比较宫殿，不将是远为优胜么？

宋代山水画大家兼理论家郭熙说："君子之所以爱夫山水者，其旨安在？丘园养素，所常处也；泉石啸傲，所常乐也；渔樵隐逸，所常适也；猿鹤飞鸣，所常观也。"（郭熙《林泉高致》）这表明中国士大夫知识分子的乡居生活与西方中世纪的碉堡庄园主颇不相同，他们更多地与自然山水相往来相亲近。自然不是诱惑人的魔鬼，不必像文艺复兴时期的那样，

早春图　〔北宋〕郭熙

因为欣赏自然风景而赶快忏悔，祈求恕罪。对中国知识分子来说，自然不只是他们观赏愉悦的对象，更是亲身生活于其中的处所。中国画论中所谓的"可行可望不如可居可游之为得"，道理也在这里。"观今山川，地占数百里，可游可居之处，十无二三，而必取可居可游之品。……画者当以此意造，而赏者又当以意穷之。"（同上）早在六朝山水诗画初起时，佛教徒宗炳也是从真山水而谈到画山水，从真山水之游，"眷恋庐衡，契阔荆巫"到"于是画象布色，构兹云岭"，使"嵩华之秀，……得之于一图"（宗炳《画山水序》）的。从而，自然人，无论是真实的自然还是诗画中的自然，总是与人的生活、情感相关联相交通和相亲近的。这样，它就不只是自然事物的一鳞一爪，不只是个别对象的色、香、声、味，而是整体的山水和景色。即使是残山剩水、一爪一鳞，也总是放置在整个自然与人的亲切关系中来对待、处置和描绘。所以中国山水画中的大自然既是本色的，又是人间的，它是充满了烟火味的温暖的大自然。与西画常以农田风景、风车平原、旅游野宴以及骇人雷电等具体的享受自然、拥有自然（人的财产）、征服自然或自然威力（显示神意）不同。中国山水画没有人对自然的征服、占有，所以它常是本色的自然，也没有自然对人的压倒，所以它常是人的自然。[①]它总有樵夫渔父、小舟风帆、茅亭酒招、行人三两。那种真正荒凉的大漠河泽、与人无干的巨大空旷、恐怖威吓的风雷闪电、紧张冲突的戏剧景色、悲剧氛围，则非常罕见。从画论中随意抄录一段，即足见华夏传统的自然美的理想了：

　　……云拥树而林稀，风悬帆而岸远。修篁掩映于幽涧，长松依薄于崇崖。近汀鹭飞，色明初霁；长川雁渡，影带

[①]　参阅 George Rowley, *Principles of Chinese Painting*, Princeton, 1974.

● 窠石平远图（局部）［北宋］郭熙

沉晖。水屋轮翻，沙堤桥断；凫飘浦口，树夹津门。石屋悬于木末，松堂开自水滨。春笋络径，野筱萦篱。寒凳桐疏，山窗竹乱。柴门设而常关，蓬窗系而如寄。樵子负薪乎危峰，渔父横舟于野渡。临津流以策蹇，憩古道而停车。宿客朝餐旅店，行人暮入关城。幅巾策杖于河梁，被褐拥鞍于栈道。……（笪重光《画筌》）

　　这是我在过去文章再三指出过的"慢悠悠懒洋洋"的传统社会的牧歌图画。[①] 它既可以看作是"与物为春""凄然似秋"的庄子和道家，人的自然化；同时也可以说，它是"风沂舞雩咏而归"的儒学，自然的人化，即外在的自然山水与内在的自然情感都渗透、交融和积淀了社会的人际的内容。为庄子所发现所强调所高扬的大自然的美，终于又成了这种充满

①　参阅拙著《美学论集》。

了人间情味的美。儒家所倡导的人间情味的美又终于加上了这种大自然的美作为补充和融入。如果没有这种自然美的补充和融入，无论在现实生活中，或是在思想情感中，或是在文艺创作和欣赏中，对中国士大夫知识分子来说，那该是多么欠缺和干枯。

总之，从"写实"说，这是"学而优则仕"的儒家士大夫知识分子以亲近自然来作为慰安补充；从"写意"说，这是他们"与道冥同"的精神解放。因此，所谓"望秋云，神飞扬；临春风，思浩荡"（王微《叙画》），真山水（大自然）假山水（山水画）之"可游可居"，既有世俗生活的一面，也有与"道"相通的一面。可见，儒道相互渗透的结果，将审美引向深入，使文艺中对一草一木一花一鸟的创作的欣赏，也蕴含着、表现着对人生的超越态度，有了这一态度，就给现实世俗增添了圣洁的光环，给热衷于人际伦常和名利功业者以清凉冷剂，使为种种异己力量所奴役所扭曲者回到人的自然、回到真实的感性中来。这种"回到"，并非要人降低到生物水平，使社会性泯灭，而是要求超越特定的社会性的制限，在感性自然中来达到超感性。这种超感性不只是社会性、理性，而是包容它而又超越它并与宇宙相同一的积淀感性。同时，有了儒道的这种互补，使中国士大夫知识分子更易于建立起其心理的平衡。这平衡不仅来自生活上人与自然的亲切关系，而且也来自人格上和思想情感上的人际超越。

　　在希腊乃至德国的传统中，常常可以感到在极端抽象的思辨之中，蕴藏着一股激昂、骚动、狂热的冲力。拿德国来说，从 Kant（康德）的实践理性，到 Fichte（费希特）、Schelling（谢林）以至 Hegel（黑格尔），一直到 Nietzsche（尼采）和 Heidegger（海德格尔），无不如此。但是，在中国，却既没有那极端抽象的思辨玄想，也没有那狂热冲动的生存火力，它们都被消融在这儒道互补式的人与自然同一（自然的人化和人的自然化）的理想中了。在这理想面前，那激昂的力也好，思辨也好，都变得渺小而可以平息，还是永恒的自然比一切都强、都大、都高超。

　　"明月照积雪""大江流日夜""客心悲未央""澄江净如练""玉绳低建章""池塘生春草""秋菊有佳色"，俱千古奇语，不必有所附丽。①

---

　　① 董其昌《画禅室随笔》卷三评诗。

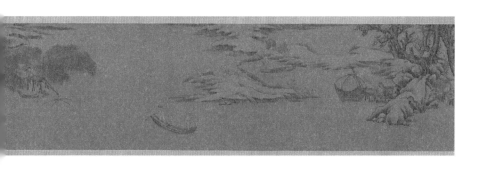

余尝爱唐人诗云"鸡声茅店月，人迹板桥霜"，则天寒岁暮，风凄木荒，羁旅之愁，如身履之。至其曰"野塘春水漫，花坞夕阳迟"，则风酣日照，万物骀荡，天人之意，相与融怡，读之便觉欣然感发，谓此四句可知生变寒暑，……以此知文章与造化争巧可也。[1]

前者指出那些描绘自然的诗句，不必附丽于任何伦常、政治、宗教等意念而成为"千古奇语"，后者则恰恰指出，描绘自然的美妙诗句，正在于它与人际生活和情感相关联，美就在于"天人之意"的沟通，所以才说，诗文艺术可以"与造化争巧"。两者正好相辅相成。庄子美学就这样与儒家美学交融会通，实际仍是以儒家为主，融入了庄子，深深地渗进了士大夫知识分子的生活、艺术、情感、思维方式和人生态度之中。

---

① 欧阳修语。转引自《中国美学史资料选编》下册，北京，中华书局，1982，第6页。

所以，我很同意一位年轻的研究者的以下论断：

　　中国浪漫精神当然要溯源到庄子，……超形质而重精神，弃经世致用而倡逍遥抱一，离尘世而取内心，追求玄远的绝对，否弃资生的相对，这些与德国浪漫派在精神气质上都是相通的。同样企求以无限来设定有限，以此解决无限与有限的对立。只有把有限当作无限的表现，从而忘却有限，才能不为形器（经验事物）所限制，通达超形器的领域。同样，只有把语言视为出于宇宙本体的东西，才能使语言以意在言外（类似于比喻）的手法去意指绝对的本体。……一个根本的区别在于，中国浪漫精神不重意志，不重渴念，不讲消灭原则的反讽，而是重人的灵性、灵气，这与德国人讲的神性有很大差别。它是一种温柔的东西，恭敬的东西，温而能厉，威而不猛，恭而能安。中国浪漫精神所讲的综合就不像德国浪漫精神所讲的综合那样，实

● 雪渔图卷（局部）［宋］

际是以主体一方吃掉客体（对象）一方，而是以主体的虚怀应和客体的虚无。[①]

所谓"虚怀应和"是庄子,而所谓"温而能厉,威而不猛,恭而能安"等，不正是儒家么？所以，在儒道互补中，是以儒家为基础，道家被落实和同化在儒家体系之中。在西方，如叶维廉所说："诗人将原是用以形容上帝伟大的语句转化到自然山水来，……诗人常常有形而上的焦虑和不安。因为他们……必须挣扎由眼前的物理世界跃入（抽象的）形而上的世界。浪漫时代的诗人普遍都有这种挣扎焦虑的痕迹。"[②] 在华夏，由于没有这种宗教的灵魂归依和抽象的形上思辨，大自然消融了一切，包括上帝在内，于是就让精神安息在这自

① 刘小枫：《诗化哲学》，济南，山东文艺出版社，1986，第76—77页。
② 叶维廉：《饮之太和》，台北，时报文化出版公司，1980，第159页。

然中吧。而自然又不过是人世的一部分，于是，就在这人世的现实生活和现实自然中去寻找归宿吧。正如在现实生活中毕竟少有彻底的隐士，在思想情感和文艺、美学中，也一样。在儒道互补中，道毕竟从属于儒和基本同化在儒中了。

如果说，被文学史家视为道家的李白，还充满了各种建功立业的儒家抱负（如《上韩荆州书》和参加永王起兵事）的话，那么，"不为五斗米折腰"，终于弃官归田的陶潜，应该算作是真正的道家精神的代表者了。但即使是陶潜的道家精神，也仍然是建立在儒道互补的基础之上，仍然是与儒家精神交融渗透在一起的。正因为如此，关于陶渊明是儒是道，古今便有好些不同看法。例如：

渊明所说者庄、老。（朱熹）

陶诗里主要思想实在还是道家。（朱自清）

他虽生长在玄学佛学的氛围中，他一生得力处和用力处，却都在儒学。（梁启超）

他并非整天整夜飘飘然，这"猛志固常在"和"悠然见南山"的，是同一个人。（鲁迅）

惟求融合精神于运化中，即与大自然为一体。……自不致与周孔入世之名教说有所触碍，故渊明之为人实外儒而内道。（陈寅恪）

……

寄情自然却未忘怀世事，猛志常在但又悠然南山。"不知何许人也，亦不详其姓氏"，"无怀氏之民欤，葛天氏之民欤"，这与庄周返乎原始似乎同调；"先师有遗训，忧道不忧贫"，"及时当勉励，岁月不待人"，"朝与仁义生，夕死复何求"，又仍然是儒学的人际关怀；而从他的教子书及全部生活、诗文来看，这一方面仍然是主导的方面。所以，他也可说是"内儒而外道"。"平畴交远风，良苗亦怀新"，"俯仰终宇宙，不乐复如何"……这些最优美的诗句则恰好展现了这两个方面的交融。它们交融在"人的自然化"与"自然的人化"相统一之中：在陶诗的自然图景中，展示的是人格和人情。这"格"高出于当时的政治品操，也并非儒家的那些伦常标准，而是渗透了庄子那种"独立无待"的理想人格。这"情"不同于一时的感伤哀乐，也不是庄子那种无情之情，而是渗透了儒家的人际关系、人生感受的情。这"格"与"情"恰恰是同一的，而且，它与大自然自身的季候节奏也似乎并合在一起了。你看：

霭霭停云，蒙蒙时雨；八表同昏，平路伊阻。静寄东轩，春醪独抚；良朋悠邈，搔首延伫。……

野外罕人事，穷巷寡轮鞅；白日掩荆扉，虚室绝尘想。时复墟曲中，披草共来往；相见无杂言，但道桑麻长。桑麻日已长，我土日已广；常恐霜霰至，零落同草莽。

……

陶诗的"情"是蕴而未发的情，它平凡而凝练，冲和而真挚，从而它所表现的并不是顿时的感情，而毋宁是凝练的人格。难怪历代好些评论家认为：

> 渊明诗，是其格高。（陈善）
>
> 晋宋人物，虽日尚清高，然个个要官职。这边一面清谈，那边一面招权纳货。陶渊明真个能不要，此以高于晋宋人物。（朱熹）
>
> 靖节非儒非俗，非狂非狷，非风流，非抗执，平淡自得，无事修饰，皆有天然自得之趣；而饥寒困穷，不以累心，……千载之下，诵其文，想其人，便爱慕向往不能已已。（刘朝笙）
>
> ……

陶渊明的诗文通过情感表现了一个真实的人格。它与中国山水花鸟画通过情感所展开的自然景象，从人与自然这两种不同的审美对象上，展现了儒道互补的同样主题和特色。至于陶诗禅意的评论，主要出现在宋代之后，特别是由苏轼的解说所造成，其实并不符陶的本来面目（参阅第五章），陶的特色仍然是典型的儒道互补和交融。

儒道的交融互补有两条道路。一条是政治的，可以郭象等人为代表，以儒注庄，认名教即自然，消除了庄学中那种反异化的解放精神和人格理想，这是以庄学中的"安时顺

● 瓦雀栖枝图 ［宋］

化""处于材不材之间"的混世精神来补足和加强儒学中的"安贫乐道""知足常乐"的教义。一条是艺术的，即这里讲的陶诗和山水花鸟画。它固然也有"安贫乐道"的顺俗一面，但主要却是对世俗人际的抗议、超越和解脱。因为在这里，庄子的反异化、超利害、对人世一切的否定性的负面命题，转化为出污泥而不染的超脱、独立等肯定性的正面价值，即是说，道家的否定性论断和超世形象转化成为现实生活和文艺、美学中的儒家的肯定性命题和独立人格。这不但是对儒家原有的"危行言逊""其智可及也，其愚不可及也"的极大提升，而且成为"自然的人化"的高级补足：自然在（1）生活；（2）思想情感；（3）人格。这三方面都成了人的最高理想，它们作为"人的自然化"的全面展开（生活上与自然界的亲近往来，思想情感上的与自然界的交流安慰，人格上与自然界相比拟的永恒形象），正是儒道互补的具体实现。

3."以神遇而不以目视"：关于无意识

庄子说："道不可闻，闻而非也；道不可见，见而非也；道不可言，言而非也。知形形之不形乎？道不当名。"（《庄子·知北游》）

这并非讲审美和艺术，但由于庄子的"道"，如同老子"道可道非常道，名可名非常名"一样，非语言、概念、名称所可把握，只有通过自由心灵和创造直观才能领会、体验，由于"庄子的哲学是美学"[1]，由于庄子强调美在自然整体而不在任何有限现象，等等，艺术创造和艺术欣赏的审美规律，特别是那种似乎不能捉摸、难以言喻、未可规范、有如鬼斧神工的创作现象，在中国美学史上，便首先为庄子所发现和强调。尽管庄子原意不是讲艺术，但可以说，正是庄子把孔子讲的"游于艺"的自由境界提到宇宙本体和人格本体（这二者在庄

---

[1] 《中国古代思想史论》，第178页。

子是完全一致的）上加以发展了，庄子多次形象地描绘了技艺创造的自由境界。如著名的"庖丁解牛"的故事：

> 庖丁为文惠王解牛，身之所触，肩之所倚，足之所履，膝之所踦，砉然响然，奏刀騞然，莫不中音；合于桑林之舞，乃中经首之会。文惠君曰："嘻，善哉！技盖至此乎？"庖丁释刀对曰："臣之所好者道也，进乎技矣。始臣之解牛之时，所见无非全牛者，三年之后，未尝见全牛也。方今之时，臣以神遇而不以目视，官知止而神欲行。依乎天理，批大郤，导大窾，因其固然。……彼节者有间，而刀刃者无厚，以无厚入有间，恢恢乎其于游刃必有余地矣。"（《庄子·养生主》）

这是讲杀牛，也毫不神秘，甚至可以说是经验之谈，即由于技巧的熟练，透彻把握了客体对象的规律性，才能从"所见无非全牛者"到"目无全牛"，因牛之"固然"而动刀，不会因碰上坚硬的牛骨使刀受损。也只有这样，才能做到牛体之解"如土委地"而刀刃如新。这也就是"技进乎道"。庄子经常强调"圣人原天地之美而达万物之理"，也是这个意思。而这个"技进乎道"，不正是把孔子"游于艺"提升到"依乎天理"的形而上学的高度么？任何技艺，包括文艺，达到这种合目的性与规律性的熟练统一，便是美的创造。

但是，这种创造经验是很难用语言来讲解、说明和传授的：

> ……轮扁曰，……斫轮，徐则甘而不固，疾则苦而不入。不徐不疾，得之于手而应于心，口不能言，有数存焉于其间，臣不能以喻臣之子，臣之子亦不能受之于臣……（《庄子·天道》）

这里的引文已经略去了庄子全文，原文本意在说明读死书是不行的，书面留下的语言文字只是古人的糟粕，重要的是去把握、领会、学习那难以传授的精神，于是便拿斫轮作为比喻。这比喻也确是经验之谈，迄至今日，许多技能的掌握是必须通过个体的亲身实践活动，不是通过概念语言的讲说、理解便能学会的。

从而，庄子实际提出的是概念语言、逻辑思维与技能掌握、形象思维的区别和差异问题。儒家也提出过这个问题。《周易》说："子曰，书不尽言，言不尽意……圣人立象以尽意。"《毛诗序》说："言之不足故嗟叹之，嗟叹之不足故永歌之，永歌之不足，不知手之舞之足之蹈之也。"可见儒家也指明有语言、概念所不能表达的东西。[①] 但庄子极大地突出了这个方面，并把它与人的具体的实践活动连在一起，强调认为，比起概念语言来，这个方面更接近于"道"；不仅是接近，还可以是"与道冥同"，与"天理"相交融相同一。正是在这种"同一"中，便达到了最高境界，也就是自由和至乐的审美境界："提刀而立，为之四顾，为之踌躇满志。"（《庄子·养生主》）比起儒家讲的"游于艺"的自由境界来，这不是显得更为"高级"么？但其实这却正是前者的一种提升。因为这种恢恢乎有游刃的"以神遇而不以目视"的自由创作境界，也非无缘无故地发生和出现，而是有来由、有过程、有前提的。这一点，庄子讲得很清楚。例如：

---

① 参阅 James F. Cahill：*Confucian Elements in the Theory of Painting*，见 A. F. Wright 编 *The Confucian Persuasion*，California，1960.

梓庄削木为镶，镶成，见者惊犹鬼神。鲁侯见而问焉，曰："子何术以为焉？"对曰："臣工人，何术之有。虽然，有一焉。臣将为镶，未尝敢以耗气也，必斋以静心。斋三日，而不敢怀庆赏爵禄；斋五日，不敢怀非誉巧拙；斋七日，辄然忘吾有四肢形体也。"当是时也，无公朝，其巧专而外滑消；然后入山林。观天性；形躯至矣，然后成见，然后加手焉；不然则已。则以天合天，器之所以疑神者，其由是欤。(《庄子·达生》)

这似乎有点"玄"，其实并不，仍然是经验之谈。这里强调的是在创作之前，必须忘怀得失，不让任何外在的功名爵禄、是非毁誉以至朝廷的要求等来干扰自己，甚至连自己的生活也忘怀掉，然后以自己的"天性自然"去接近、去吻合客体的自然。这其实也就是儒家讲的"天人同构""天人感应"，亦即庄子所谓的"以天合天"，于是成功的创作便出现了，使"见者惊犹鬼神"，人工作品像鬼斧神工的自然产物一样。

这难道不是文艺家们进入成功的创作过程时所经常经历到的真实吗？它并不神秘和奇怪。

纪渻子为王养斗鸡。十日而问："鸡已乎？"曰："未也，方虚憍而恃气。"十日又问，曰："未也。犹应向景。"十日又问，曰："未也，犹疾视而盛气。"十日又问，曰："几矣，

鸡虽有鸣者，已无变矣。望之似木鸡矣，其德全矣。异鸡
无敢应，见者反走矣。"（《庄子·达生》）

与前一个故事一样，这里又同样指出，要达到"其德全
矣"，别的鸡望之而逃，必须有一个去虚骄盛气，不为任何外
物所动的"修养"过程。等"修养"到"呆若木鸡"时，却
正是到了最完善的境地。尽管这里与庄子许多其他的寓言、
故事一样，存在着片面性和夸张性，但也正是通过这种片面
和夸张的形式，强调地描绘了包括艺术在内的那种真正自由
的实现、美的创造的前提、条件和历程。无论看来是"惊犹
鬼神"或"呆若木鸡"或"解衣般礴"（《庄子·田子方》）（绘
画的故事），实际都以长期对客观规律性的领会、把握、熟练
为前提，以长期对主观合目的性的集中凝练为前提。只有排
除一切内在外在的干扰，具备这种前提，才可能进入自由的
创造。

大马之捶者，年八十矣，而不失毫芒。大马曰："子
巧与？有道与？"曰："臣有守也。臣之年二十而好捶钩，
于物无视也，非钩无察也。是用之者，假不用者也以长得
其用……"（《庄子·知北游》）

这可说是就主观前提说的。庄子所一再强调的便正是这

种"用志不分，乃凝于神"(《庄子·达生》)。并且，"吾见其难为，怵然为戒，视为止，行为迟，动刀甚微，……"(《庄子·养生主》)

不但是聚精会神，目无旁顾，而且遇到困难还十分小心，谨慎从事。总而言之：

> 工倕旋而盖规矩，指与物化，而不以心稽，故其灵台一而不桎。忘足，屦之适也；忘要，带之适也。知忘是非，心之适也。不内变，不外从，事会之适也。始乎适而未尝不适者，忘适之适也。(《庄子·达生》)

与第一节讲的"忘适之适"相沟通，这段便可作为总结和概括。不妨用"今译"把它表达出来：

> 工倕用于旋转而技艺超过用规矩画出来的，手指和所用物象凝合为一，而不必用心思来计量，所以它的心灵专一而不窒碍。忘了脚，是鞋子的舒适；忘了腰，是带子的舒适；忘了是非，是心灵的安适。内心不移，外不从物，是外境的安适。本性常适而无往不安适，便是忘了安适的安适。[①]

---

① 陈鼓应：《庄子今注今译》，第494页。

这正是庄子的一贯思想。从本章一开头讲的审美人生观到这里的技艺创作，从"逍遥游""至乐无乐""天地有大美而不言"到这里的"庖丁解牛""梓庆为𫓧"……所贯穿的基本主题都在：由"人的自然化"而达到自由的快乐和最高的人格，亦即"以天合天"，而达到"忘适之适"。

从技能到文艺，所有的创作过程都有非一般概念语言、逻辑思维所能表达、说明的一面，此即无意识或非意识的一面，这一面就是庄子讲的"不以目视""不以心稽""坐忘""心斋"；但它又并不是先验的或神赐的。应该说，庄子对这两个方面都做了精彩的描述。看来是"以神遇而不以目视""指以物化而不以心稽""口不能言"的活动和心境，却又"有数存焉于其间""依其天理""因其固然"的根本原因在。亦即是说，无意识是有其自身的规律和逻辑的，它与意识是有联系和有关系的。意识的排除和沉积，才造成了无意识。在这里，无意识并不是所谓"幽暗的"生物本能，仍然是人经过意识的努力所达到的非意识的积淀。如果说，前面的审美态度等是积淀的心理成果，那么这里讲的，便正是描述这积淀的心理过程。

这对华夏美学起了重要影响，无论诗、文、书、画，几乎是经常不断地提出这个无意识创作规律的问题。例如：

> 书画之妙，当以神会，难可以形器求也。世之观画者，

多能指摘其间形象、位置、彩色瑕疵而已。至于奥理冥造者，罕见其人。……得心应手，意到便成；故造理入神，迥得天意，此难可与俗人论也。①

庄周、李白，神于文者也，非工于文者所能及也。文非至工，则不可神；然神，非工之所可至也。②

"工"是人为，是意识的努力；"神"则是超意识或无意识。非"至工"达不到"神"，但"神"又毕竟不能等同于"至工"，即不是有意识的努力所能勉强做到的，所以"难可与俗人论"。

如其气韵，必在生知，固不可以巧密得，复不可以岁月到。默契神会，不知然而然也。……人品既已高矣，气韵不得不高；气韵既已高矣，生动不得不至。所谓神之又神，而能精焉。……不尔，虽竭巧思，止同众工之事，虽曰画而非画，故杨氏不能授其师，轮扁不能传其子，系乎得自天机，出乎灵府也。（郭思《画论》）

这讲的也是，要达到绘画最高层次的"气韵生动"，经常不是人工巧密可得，不是可以人为传授，也不是只花上时间

---

① 沈括：《梦溪笔谈》卷17.

② 杨慎：《总纂升庵合集》卷21，转引自《中国美学史资料选编》下册，第109页。

便能成功,它有"不知其然而然"的无意识现象。这也就是"造理入神,迥得天意"。但这无意识又并非完全不可捉摸,它与所谓"人品"有关,即与个体的整个人格境界有关。

> 李青莲自是仙灵降生。司马子徽一见,即谓其有仙风道骨,可与神游八极之表。贺知章一见,亦即呼为"谪仙人"。放还山后,陈留采访使李彦允为请于北海高天师授道箓。其神采必有迥异乎常人者。诗之不可及处,在乎神识超迈,飘然而来,忽然而去,不屑屑于雕章琢句,亦不劳劳于镂心刻骨,自有天马行空,不可羁勒之势。若论其深刻,则不如杜;雄鸷,亦不如韩。然以杜、韩与之比较,一则用力而不免痕迹,一则不用力而触手成春;此仙与人之别也。
> (赵翼《瓯北诗话》卷一)

在这种所谓"仙"的描述中,不正可看出庄子的"人的自然化"的创作特征么?自自然然地所谓"不用力而触手成春",这也就是"天马行空""神识超迈""得心应手""意到便成""造神入神,迥得天意",人与自然完全合一,凭无意识便可鬼斧神工,技进乎道。

这也便是"人的自然化"的某种极致。

总之,所谓"人的自然化",并"不是要退回到动物性,去被动地适应环境;刚好相反,它指的是超出自身生物族类的局限，主动地与整个自然的功能、结构、规律相呼应、相建构"。①

"黄子久终日只在荒山乱石丛木深篠中坐，意态忽忽，人不测其为何。又每往泖中通海处看急流轰浪，虽风雨骤至，水怪悲诧而不顾。噫！此大痴之笔所以沉郁变化，几与造物争神奇哉。"②黄公望并不是为了具体模拟这些自然景象而去苦坐；他是为了去感受、去呼应，从而以全身心的领会，在笔墨中去同构那自然的气势和生命的力量。这种呼应和同构也并非当下即得，而是在长久积累之后，已积淀成无意识的倾发。所以"笔以发意，意以发笔，

● 天池石壁图 ［元］黄公望

---

① 拙文《略论书法》，《中国书法》1986 年第 1 期。

② 李日华：《论画》，见《历代论画名著汇编》，第 228 页。

笔意相发之机,即作者亦不自然所以然。"① 中国艺术中常讲的"无意为佳",就是这个道理。

我曾以中国独有的书法艺术为例,来讲这个"人的自然化":

　　……人的情感和书法艺术应该是对整个大自然的节律秩序的感受呼应和同构。……就在那线条、旋律、形体、痕迹中,包含着非语言非概念非思辨非符号所能传达、说明、替代、穷尽的某种情感的、观念的、意识和无意识的意味。这"意味"经常是那样的朦胧而丰富,宽广而不确定……它们是真正美学意义上的"有意味的形式"。这"形式"不是由于指示某个确定的观念内容而有其意味,也不是由于模拟外在具体物象而有此"意味"。它的"意味"即在此形式自身的结构、力量、气概、势能和运动的痕迹或遗迹中……

　　书法一方面表达的是书写者的"喜怒窘穷,忧悲愉佚,怨恨思慕,酣醉无聊不平……"(韩愈),它从而可以是创作者有意识和无意识的内心秩序的全部展露;另一方面,它又是"观于物,见山水崖谷,鸟兽虫草,草木之花实,

---

　　① 沈宗骞:《芥舟学画编》,见于安澜编《画论丛刊》上卷,北京,人民美术出版社,1962,第361页。

日月列星，风雨水火，雷霆霹雳，歌舞战斗，天地事物之变，可喜可愕，一寓于书"（同上），它又可以是"阴阳既生，形势出矣"（蔡邕《九势》），"上下与天地同流"（孟子）的宇宙普遍性形式和规律的感受同构。书法艺术所表现所传达的，正是这种人与自然、情绪与感受、内在心理秩序结构与外在宇宙（包括社会）秩序结构直接相碰撞、相斗争、相调节、相协奏的伟大生命之歌。这远远超出了任何模拟或借助具体物象、具体场景人物所可能表现、再现的内容、题材和范围。书法艺术是审美领域内"人的自然化"与"自然的人化"的直接统一的一种典型代表。它直接地作用于人的整个心灵，从而潜移默化地影响着人的身（从指腕、神经到气质、性格）、心（从情感到思想）的各个方面。[1]

书法是"线的艺术"的最直接和最充分的展露。"线的艺术"如《美的历程》和本书所已指出，是普遍性的情感形式的音乐艺术在造型领域内的呈现。自然界本无纯粹的线，正如没有纯粹的乐音一样。线是人创造出来的形象的抽象，即它脱离开了具体的事物图景（体积、面积、质量、形状、面貌等），但它之脱离开具体事物的具体形象，却又恰恰是为了再现（表现）宇

---

① 拙文《略论书法》。

宙的动力、生命的力量，恰恰是为了表现"道"，而与普遍性的情感形式相吻合相同构。

中国古人喜欢用人的自然生命及其因素来阐释文艺，讲究"骨法形体""筋血肌肉"，以及讲究"畅神""游仙"等，这些都既与人的生理、生命和身体状貌、先天气质相关（例如所谓"骨力""骨法"即来源于"骨相术"）[1]，又超脱了具体的有限感性存在，而追求与宇宙天地的整个自然相交流、相沟通。而"骨""筋""肌""肉""血"这些本来讲自然人体的概念，便居然与"神""气"

----

[1] 参阅李泽厚、刘纲纪：《中国美学史》第 2 卷。

等同样成为重要的美学标准和观念，并一直延续下来。
苏轼论书法说："书必有神、气、骨、肉、血，五者缺一，不
能成书也。"（《东坡题跋》卷4"论书"）康有为说："书若人然，
须备筋、骨、血、肉。血浓骨老，筋藏肉莹，加之姿态奇逸，
可谓美矣。"（《广艺舟双楫·余论第十九》）胡应麟说："诗之
筋、骨，犹木之根干也。肌肉，犹枝叶也，色泽神韵，犹花
蕊也。"（《诗薮》外编卷5）凡此等等，把本来是人的形体生
理的概念当作美学和文艺尺度，相当清晰地表现了重视感性
生命的儒道互补：以生命为美，以生命呈现在人体自然中的
力量、气质、姿容为美。它不正是"天行健"（儒）和"逍遥游"
（道）么？不正是后者对前者的补充和扩展么？这也属于"人
的自然化"。如前所述，庄子在这方面是把"天人同构"远为
具体地和深刻地发展了，由于它舍弃了社会和人事，集中注

意在人的生命与宇宙自然的同构呼应，从而才注意和突出了由全身心与自然规律长期呼应而积累下来可以倾泻而出的无意识现象。这对文艺创作是非常重要的，对后世中国文艺影响极大。

对照一下现代西方美学，也很有意思。S. Langer（苏珊·朗格）说：

> 你愈是深入地研究艺术品的结构，你就愈加清楚地发现艺术结构与生命结构的相似之处，这里所说的生命结构，包括着从低级生物的生命的结构到人类情感和人类本性这样一些复杂的生命结构（情感和人性正是那些最高级的艺术所传达的意义）。正是由于这两种结构之间的相似性，才使得一幅画、一支歌或一首诗与一件普通的事物区别开来——使它们看上去像是一种生命的形式，而不是用机械的方法制造出来的；使它的表现意义看上去像是直接包含在艺术品之中（这个意义就是我们自己的感性存在，也就是现实存在）。[1]

《庄子》里还有"气功""导引术"等内容，如"真人之息以踵""缘督以为经"等说法便是。这都属于"人的自然化"

---

[1]　苏珊·朗格：《艺术问题》，北京，中国社会科学出版社，1983，第55页。

范围，包括今天所谓"人体特异功能"，其中包含着许多尚待发现的感性的秘密。总之是要求人的生理过程、生命节律与整个宇宙自然相拥抱、相同一，它涉及至今尚不清楚的生理学、医学中的许多问题，而与"人的自然化"的哲学命题相关。当然，这比美学中和文艺创作中的无意识就远为巨大和广泛，但又仍与美学相关。[①] 可见，庄子哲学作为美学，包含了现实生活、人生态度、理想人格和无意识等许多方面，这就是"人的自然化"的全部内容。美学在这里，也就远不只是个赏心悦目的欣赏问题或艺术问题，而是一个与自然同化、参其奥秘以建构身心本体的巨大哲学问题了。

庄子所突出的"人的自然化"，一方面发展为后世的道教以及民间的"气功""修炼"等健身强生、延年益寿以至"长生""登仙"等神秘的实践和理论；另一方面在哲学上则如上所述，被吸收和同化在儒家"天人同构"的系统里，扩大了和纯粹化了这个同构（去掉儒家那些与人事、政治、伦理的牵强比附），并被现实地运用在实际生活中、人生态度中、锻炼身心中和文艺创作中、审美欣赏中。道家的"人的自然化"成了儒家的"自然的人化"的充分补足。

[①] 太极拳便是既与气功有关又有审美素质的一种运动—艺术。在太极拳的锻炼中，不仅可以获得身心健康，而且可以有审美愉快。参阅 Sophia Delza, *The Art of Tai Chi Ch'uan*. Journal of Aesthetic and Art Criticism Vol.26 No．4（1967）.

第 四 章

美在深情

1. "虽体解吾犹未变兮"：生死再反思

与中原北国有所不同，南楚故地是巫风未衰的地域。它标志着远古遗俗在这里延续得更为长久。中国南北文化的差异，由来久远，有深厚的历史根基，此处不遑多论。要之，以屈原为最大代表的中国南方文化，开始就具有其独特的辉煌色彩。刘勰所称赞的"惊采绝艳"（《文心雕龙·辨骚》），是这一特征的准确描述。无论工艺、绘画、文学以及对世界的总体意识……想象总是那样的丰富多彩、浪漫不羁；官能感触是那样的强烈鲜明、缤纷五色；而情感又是那样的炽烈顽强、高昂执着……"托云龙，说迂怪"，"康回倾地，夷羿彃日，木天九首，土伯三目"，"叙情怨，则郁伊而易感；述离居，则怆怏而难怀。"（同上）。它们把远古童年期所具有的天真、忠实、热烈而稚气的种种精神，极好地保存和伸延下来了；正如北方的儒家以制度和观念的形式将"礼乐传统"保存下来一样。南国的保存更具有神话的活泼性质，它更加

● 屈原 傅抱石

开放，更少约束，从而更具有热烈的情绪感染力量。"骚经九章，朗丽以哀志，九歌九辩，绮靡以伤情。"（同上）。这是真正的文艺创作，而不是"不学诗，无以言"的外交辞令。这是真正的神话，而不是"绘事后素"、经过理性梳妆的寓言。这是真正的青春诗篇，而不是成人们的伦理教训。

但是，到屈原那个时候，中国南北方的文化交流、渗透和彼此融合，毕竟已是一种无可阻挡的主流。北国以其文明发达、制度先进的礼乐传统向南方传播蔓延。"从《左传》中可以看到，楚国君臣上下，很多人能引用《诗经》作为外交辞令。孟子还曾指出：'陈良，楚产也，悦周公仲尼之道，北学于中国'（《孟子·滕文公上》)，当时由楚而'北学于中国'的，当然不止陈良一人。"①屈原本人便是"上称帝喾，下道齐桓，中述汤武，以刺其事，明道德之广崇，治乱之条贯，靡不毕见"（《史记·屈原贾生列传》），"其陈尧舜之耿介，称汤武之祗敬，典诰之体也；讥桀纣之猖披，伤羿浇之颠陨，规讽之旨也；虬龙以喻君子，云蜺以譬谗邪，比兴之义也。每一顾而掩涕，叹君门之九重，忠怨之辞也。观兹四事，同于风雅者也。"（《文心雕龙·辨骚》）这讲得未免有些过分，但屈原接受了儒学传统，他那积极入世、救国济民的精神观念，他那始终关怀政治的顽强意念和忠挚情感，他那人格追求和社会理想，都与儒家有关，恐怕是无可怀疑的。"纷吾既有此内美兮，又重之以修能"（《楚辞·离骚》），以世袭贵族的"修身"为本，这也正是儒家的传统。屈原把儒家"文质彬彬，然后君子"（《论语·雍也》）的美善统一的理想，以南国独有的形态表现出来了。

这种表现形态的特征，便是"把最为生动鲜艳、只有在原始神话中才能出现的那种无羁而多义的浪漫想象，与最为炽热深沉、只有在理性觉醒时刻才能有的个体人格和情操，最完满地融化成了有机整体"。②它还没有受到严格约束，"从而不像所谓'诗教'之类有那么多的道德规范和理知约束。

---

① 李泽厚、刘纲纪：《中国美学史》第 1 卷，第 365 页。
② 《美的历程》第 4 章。

相反，原始的活力，狂放的意绪，无羁的想象，在这里表现得更为自由和充分。"（同上）也如鲁迅所指出："幸其固有文化尚未沦亡，交错为文，遂生壮彩。"（《汉文学史纲要》）可见，这"壮彩"正是"固有文化"的南楚特色与北方儒学相"交错"成文的产物。

之所以要多次提到"无羁想象"，是因为人们经常把屈、庄并提。庄子也来自南方，庄文中也极多"无羁想象"。楚辞中有《远游》，庄子有《逍遥游》；庄子遗世独立，神游天地，屈原也有好些近乎"游仙"之辞，也有对独立人格的追求和实践。但是，屈、庄毕竟不同。其不同就在：对人际的是非、善恶、美丑是否执着。庄否而屈是。庄以其超是非、同美丑、一善恶而超乎尘世人际，与大自然合为一体；屈不同，他是顽强地执着地追求人际的真理、世上的忠实，他似乎完全回到了儒家，但把儒家的那种仁义道德，深沉真挚地情感化了。儒、庄、屈的这种同异，最鲜明地表现在对待死亡的态度上。我认为，死亡构成屈原作品和思想中最为"惊采绝艳"的头号主题。

孔子说："朝闻道，夕死可矣。"（《论语·里仁》）又说："志士仁人，无求生以害仁，有杀身以成仁。"（《论语·卫灵公》）这是平静、勇敢而无所畏惧地面对死亡，但比较抽象。它只构成某种道德理念或绝对律令，却抽去了个体面临或选择死亡所必然产生的种种思虑、情感和意绪。

庄子说，"其生若浮，其死若休"；"虽南面王乐，不能过也"（《庄子·至乐》）；一生死，齐寿夭，但这是一种理想的人格态度。完全抛脱人世一切计虑、一切感情，不但对大多数济世救民、积极入世的人来说很难做到，而且距离具有自我意识的个体存在所面临死亡时的具体情绪，也确乎遥远。

并且，无论孔、庄，都讲过好些"邦无道则愚""处于材不材之间"等以保身全生的话，这也就是所谓"既明且哲，以保其身"的北方古训的传统教导之一。这种教导也同样存留在楚国和《楚辞》中，例如著名的《渔父》："圣人不凝滞于物，而能与世推移。世人皆浊，何不淈其泥而扬其波；众人皆醉，何不铺其糟而歠其酾。……沧浪之水清兮，可以濯吾缨，沧浪之水浊兮，可以濯吾足。"但是，这却恰恰是孔、庄都有而为屈原所拒绝的人生态度和生活道路。屈原宁肯选择死，而不选择生："宁赴湘流，葬于江鱼之腹中，安能以皓皓之白而蒙世之尘埃乎？"（《楚辞·渔父》）他的选择是这样的坚决、果断、长久，它是自我意识的充分呈露，是一种理性的情感抉择，而绝非一时的冲动或迷信的盲从。

Albert Camus（阿尔贝·加缪）说："哲学的根本问题是自杀问题，决定是否值得活着是首要问题。世界究竟是否三维或思想究竟有九个还是十二个范畴等，都是次要的。"[①]Hans-Georg Gadamer（汉斯－格奥尔格·伽达默尔）说：

---

① Albert Camus（阿尔贝·加缪），*The myth of sisyphus*（《西西弗的神话》）.

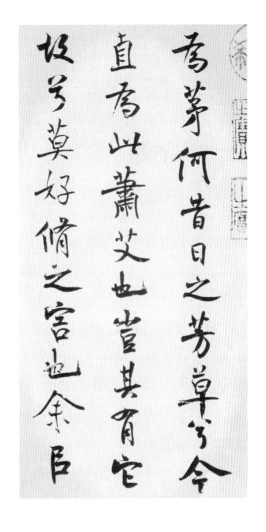

離騒经（局部） ［北宋］米芾

"人性特征在于人的构建思想超越其自身在世上生存的能力，即想到死，这就是为什么埋葬死者大概是人性形成的基本现象。"[1] 如果说，Shakespeare（莎士比亚）在 Hamlet（哈姆雷特）中以"活还是不活，这就是问题"表现了欧洲文艺复兴

---

① Gadamer（伽达默尔），*Reason in the Age of Science*（《科学时代的理性》）．

提出的特点；那么，屈原大概便是第一个以古典的中国方式在两千年前尖锐地提出了这个"首要问题"的诗人哲学家。并且，他确乎以自己的行动回答了这个问题。这个否定的回答是那样"惊采绝艳"，从而便把这个人性问题——"我值得活着么？"——提到极为尖锐的和最为深刻的高度。把屈原的艺术提升到无比深邃程度的正是这个死亡—自杀的人性主题。它极大地发扬和补充了北方的儒学传统，构成中国优良文化中一个很重要的因素。

如果像庄子那样，"死生无变于己"（《庄子·齐物论》），就不能有这主题；如果像儒学那样，那么平宁而抽象，"存吾顺事，殁吾宁也"（张载《正蒙·西铭》），也不会有这主题。屈原正是在明确意识到自己必须选择死亡、自杀的时候，来满怀情感地上天下地，觅遍时空。来追询，来发问，来倾诉，来诅咒，来执着地探求什么是是，什么是非，什么是善，什么是恶，什么是美，什么是丑。他要求这一切在死亡面前展现出它们的原形，要求就它们的存在和假存在来作出解答。"何昔日之芳草兮，今直此萧艾也？""何方圆之能周兮，夫孰异道而相安？"（《楚辞·离骚》）政治的成败，历史的命运，生命的价值，远古的传统，它们是合理的么？是可以理解的么？生存失去支柱，所以"天问"，污浊必须超越，所以"离骚"。人作为具体的现实存在的依据何在，在这里有了空前的突出。屈原是以这种人的个体血肉之躯的现实存在的重要性和可能性来问真理。从而，这真理便不再是观念式的普遍性概念，也不是某种实用性的生活道路，而是"此在"本身。所以，它充满了极为浓烈的情感哀伤。

可以清楚地看到，那是颗受了伤的孤独的心：痛苦、困惑、烦恼、骚乱、愤慨而哀伤。世界和人生在这里已化为非常具体而复杂的个体情感自身，因为这情感与是否生存有着直接联系。事物可以变迁，可以延续，只有我的死是无可重复和无可替代的。以这个我的存在即将消失的"无"，便可以抗衡、可以询问、可以诅咒那一切存在的"有"。它可以那样自由地遨游宇宙，那样无所忌惮地怀疑传统，那样愤慨怨恨地诉论当政……有如王夫之所说："惟极于死以为态，故可任性孤行。"（王夫之《楚辞通释》）

他总是那么异常孤独和分外哀伤：

> 鸷鸟之不群兮，自前世而固然。（《楚辞·离骚》）世溷浊而莫吾知兮，吾方高驰而不顾。（《楚辞·九章·涉江》）哀吾生之无乐兮，幽独处乎山中；吾不能变心而从俗兮，固将愁苦而终穷。（同上）涕泣交而凄凄兮,思不眠以至曙；终长夜之曼曼兮，掩此哀而不去。（《楚辞·九章·悲回风》）

这个伟大孤独者的最后决定是选择死：

宁溘死以流亡兮，余不忍为此态也。(《楚辞·离骚》)
既莫足与为美政兮，吾将从彭咸之所居。(同上)宁溘死
而流亡兮，恐祸殃之有再；不毕辞而赴渊兮，惜雍君之不识。
(《楚辞·九章·惜往日》)临沅湘之玄渊兮，遂自忍而沉流；
卒没身而绝名兮，惜雍君之不昭。(《楚辞·九章·惜往日》)
知死不可让，愿勿爱兮。(《楚辞·九章·怀沙》)浮江淮
而入海兮，从子胥而自适；望大河之洲渚兮，悲申徒之抗迹；
骤谏君而不听兮，任重石之何益；心绲结而不解兮，思蹇
产而不释。(《楚辞·九章·悲回风》)

王夫之说，屈原的这些作品都是"往复思维，决以沉江
自失"，"决意于死，故明其志以告君子"，"盖原自沉时永诀
之辞也"(《楚辞通释》)。在文艺史上，决定选择自杀所作的
诗篇达到如此高度成就，是罕见的。诗人以其死亡的选择来
描述，来想象，来思索，来抒发。生的丰富性、深刻性、生
动性被多样而繁复地展示出来，是非、善恶、美丑的不可并
存的对立、冲突、变换的尖锐性、复杂性被显露出来，历史
和人世的悲剧性、黑暗性和不可知性被提了出来。"伍子逢殃
兮，比干菹醢，与前世而皆然兮，吾又何怨乎今之人。"(《楚
辞·九章·涉江》)"矰弋机而在上兮，罻罗张而在下。"(《楚
辞·九章·惜诵》)"固时俗之工巧兮……竞周容以为变。"(《楚
辞·离骚》)"天命反侧，何罚何佑？齐桓九令，卒然身杀。……

何圣人之一德，卒其异方？梅伯受醢，箕子佯狂。"（《楚辞·天问》）既然如此，世界和存在是如此之荒诞、丑陋、无道理、没目的，那我又值得活么？

要驱除掉求活这个极为强大的自然生物本能，要实现与这个丑恶世界作死亡决裂的人性，对一个真有血肉之躯的个体，本是很不容易的。它不是那种"匹夫匹妇自经于沟渎"式的负气，而是只有自我意识才能做到的以死亡来抗衡荒谬的世界。这抗衡是经过对生死仔细反思后的自我选择。在这反思和选择中，把人性的全部美好的思想情感，包括对生命的眷恋、执着和欢欣，统统凝聚和积淀在这感性情感中了。这情感不同于"礼乐传统"所要求塑造、陶冶的普遍性的群体情感形式，这里的情感是自我在选择死亡而意识世界和回顾生存时所激发的非常具体而个性化的感情。它之所以具体，是因为这些情感始终萦绕着、纠缠于自我参与了的种种具体的政治斗争、危亡形势和切身经历。它丝毫也不"超脱"，而是执着在这些具体事务的状况形势中来判断是非、美丑、善恶。这种判断从而不只是理知的思索，更是情感的反应，而且在这里，理知是沉浸、融化在情感之中的。这当然不是那种"普遍性的情感形式"所能等同或替代的。它之所以个性化，是因为这是屈原以舍弃个体生存为代价的呼号抒发，它是那独一无二、不可重复的存在的本身的显露。这也不是那"普遍性的情感形式"所能等同。正是这种异常具体而个性化的感情，给了那"情感的普遍性形式"以重要的突破和扩展。它注入"情感的普遍性形式"以鲜红的活的人血，使这种普遍性形式不再限定在"乐而不淫，哀而不伤"的束缚或框架里，而可以是哀伤之至；使这种形式不只是"乐从和""诗言志"，而可以是"怆怏难怀""忿怼不容"。这即是说，使这种情感形式在显露和参与人生深度上，获得了空前的悲剧性的沉积意义和冲击力量。

尽管屈原从理知上提出了他之所以选择死亡的某些理论上或伦理上的理由，如不忍见事态发展、祖国沦亡等，但他不愿听从"渔父"的劝告，不走孔子、庄子和"明哲"古训的道路，都说明这种死亡的选择更是情感上的。他从情感上便觉得活不下去，理知上的"不值得活"在这里明显地展现为情感上的"决不能活"。这种情感上的"决不能活"，如前所说，不是某种本能的冲动或迷狂的信仰，而仍然是融入了、渗透了并且经过了个体的道德责任感的反省之后的积淀产物。它既不神秘，也非狂热，而仍然是一种理性的情感态度。但是，它虽符合理性甚至符合道德，却又超越了它们。它是生死的再反思，涉及了心理本体的建设。

所以，尽管后世有人或讥讽屈原过于"愚忠"，接受了儒家的"奴才哲学"，或指责屈原"露才扬己"（班固《离骚序》），"怀沙赴水……都过当了"（《朱子语类》卷80），不符合儒家的温厚精神。但是，你能够去死吗？在这个巨大的主题面前，嘲讽者和指责者都将退缩。"自古艰难唯一死，伤心岂独息夫人。"如果说"从容就义"比"慷慨从仁"难，那么自杀死亡比"从仁""就义"就似乎更难了。特别当它并不是一时之泄愤、盲目的情绪、狂热的观念，而是在仔细反思了生和死、咀嚼了人生的价值和现世的荒谬之后。这种选择死亡和面对死亡的个体情感，强有力地建筑着人类的心理本体。

也正因如此，便是这种展现存在的情感本身，而不一定是自杀这死亡的具体行动方式，给后世华夏文艺以极大影响。屈原以其选择死亡的人性高扬和情感态度，即对丑恶现实的彻底否决和对理想人生的眷恋

江户时代 *Landscape parties of men and women looking at cherry blossoms* ［日］葛饰北斋

憧憬，极大地感染、启发和教育着后代人们。屈原通过死，把礼乐传统和孔门仁学对生死、对人生、对生活的哲理态度，提到了一个空前深刻的情感新高度。据说，日本人有自杀为美的古典传统。"日谚有云，花是樱花，人是武士。意谓花以樱花为最，人以武士为上。人的生死，有如樱花，一下散落，干净利落，故美。……因为死与自杀具有樱花一般的美，日本作家自杀率之高，举世闻名。"[1] 著名日本作家三岛由纪夫说："死是唯一的神秘。……想象力的深邃极致处就在死（的那一片刻）。"[2] 像樱花那样热烈而短暂的盛开和急遽的飘落消逝，似确乎象征着这种死亡（切腹自杀的行动）为美的日本式的心理塑造。

华夏传统的心理塑造却不然。尽管屈原以死的行动震撼着知识分子，但在儒家传统的支配下，效法屈原自杀的毕竟是极少数，因之，它并不以死的行动而毋宁是以对死的深沉感受和情感反思来替代真正的行动。因之是以它（死亡）来反复锤炼心灵，使心灵担负起整个生存的重量（包括屈辱、扭曲、痛苦……）而日益深厚。不是樱花式的热烈在俄顷，而毋宁如菊、梅、松、竹，以耐力长久为理想的象征。所以后世效法屈原自沉

---

[1]　傅伟勋：《日本人的生死观》，《中国时报》1985 年 9 月 1 日。
[2]　同上。

的尽管并不太多，不一定要去死，但屈原所反复锤炼的那种"虽体解吾犹未变兮""虽九死其犹未悔"的心理情感，那种由屈原第一次表达出来的死之前的悲愤哀伤、苦痛爱恋，那种纯任志气、坦露性情……总之，那种屈原式的情感操守却一代又一代地培育着中国知识者的心魂，并经常成为生活和创作的原动力量。司马迁忍辱负重的生存，嵇康、阮籍的悲愤哀伤，也都是在死亡面前所产生的深厚沉郁的"此在"的情感本身。他们都考虑过或考虑到去死，尽管他们并没有那样去做，却把经常只有面临死亡才能最大地发现的"在"的意义很好地展露了出来。它们是通过对死的情感思索而发射出来的"在"的光芒。

"死生亦大矣，岂不痛哉！"在第二章引用这感叹，是说明儒家以对人生短促即对生的关注来避开死的面临，但对每个感性生存的个体，死的面临从来就是一个不可避开的大问题。不同的是所达到的自我意识的不同高度。面临死亡时可以有道家式的旷达，来补充儒家的避开，例如陶渊明：

> 荒草何茫茫，白杨亦萧萧。严霜九月中，送我出远郊。四面无人居，高坟正嶣峣。马为仰天鸣，风为自萧条。幽室一已闭，千年不复朝。千年不复朝，贤达将奈何！向来相送人，各自还其家。亲戚或余悲，他人亦已歌。死去何所道，托体同山阿。（《挽歌诗三首》之三）

● 王羲之行书兰亭序卷　［晋］王羲之

　　这似乎是相当超脱的"一死生"了。但实际给予人们的，不仍然是对死亡的沉痛悲哀么？"固知一死生为虚诞，齐彭殇为妄作"（王羲之《兰亭集序》）。庄子那种"一死生"要真正化为某种情感态度即彻底地无情，实际上很难办到。"人非草木，孰能无情？"因此，对死亡的自觉选择和面临死亡的本体感受，就恰好反过来加深了儒学传统中对人生短促的情感关注。于是，为屈原所突出的选择死亡便不只是对死亡的悲哀，而且是在死亡面前那种执着顽强、不肯让步的生的态度。这里，选择死亡的情感实际又是坚守信念的情感，死的反思归结为生的把握：既然连死都愿意选择，那又何况于"贬""窜"或其他？所以，在既"贬"且"窜"之后，仍然执着于生存，坚守着自己的信念、情感，仍然悲愤哀伤于人际世事，这也就是屈原的情操传统。这传统为后世士大夫知识分子所承继下来，将"岁寒，然后知松柏之后凋也""匹夫不可夺志"的儒学传统填满了真挚情感，使内心的"情理结构"具有了深沉的生死蕴涵，而达到人生存在的应有的感情深度。

柳宗元赞赏地说过"哀如屈原"。柳宗元在政治斗争的巨大失败后被贬在蛮瘴地的南方，抑郁愤懑，也很像屈原。他没有去选择死，但他总有那种对死的惊觉：

> 人生少得六七十年。今已三十七矣。长来觉日月益促，岁岁更甚，大都不过数十寒暑,则无此身矣。(《柳河东全集》卷30"与萧翰林书")
>
> 假令病尽身复壮，悠悠人世，不过为三十年客耳。前过三十七年与瞬息无异，后所得者，不足把玩，亦已审矣。（同上）

这固然是儒家传统对生的短促的惊叹，但更是屈骚传统对死将到来的反思。这是对死的关注，也是对生的质疑，"不足把玩""日月益促"，人生本是多么悲哀哟。

刘后村说："柳子厚之贬，其忧悲憔悴之叹，发于诗者，特为酸楚，卒以愤死，未为达理。"（见《陶靖节集附录诸家评陶渊明汇集》）也许的确未达儒家的中庸保身之理，也未达庄子的逍遥齐物之理，所以刘把陶潜与之对比说："惟渊明则不然，观其贫士、责子与其他所作，当忧则忧，当喜则喜，忽然忧乐两忘，则随所寓而皆适。"（同上）但这种抑此扬彼是并不恰当的。柳宗元那执着、愤懑的强烈情感，那孤峭严峻、冰清玉洁式的艺术风格所传达出来的，便正是以死亡为主题的屈原式的深情美丽；这却是庄子、陶潜所不能代替的。柳宗元与上述司马迁、嵇康、阮籍等人，都是屈骚传统的突出继承者。所以尽管他们的作品或被人称为"谤书"（司马迁），或自称"薄汤、武而非周、孔"（嵇康），但仍然受当时和后代广大的儒家知识分子的欢迎和肯定。正像陶潜、李白吸收了庄子一样，他们继承、吸收、发扬了屈骚精神，再一次地扩展了、丰富了、发展了儒学，使儒家重道德、重节操、重情感的仁学传统获得了深刻的生死内容。正是通过这些人物及其作品的精神感召和艺术感染，在后世首先是在魏晋而被确定下来，成为华夏的人性结构和美学风格中的重要因素。

2."情之所钟，正在我辈"：本体的探询与感受

《美的历程》曾认为，楚、汉文化一脉相传。《文心雕龙》说，"楚艳汉侈，流弊不返"（《文心雕龙·辨骚》），汉人好楚辞，从宫廷到下层，几乎数百年不衰。其中一个重要现象是，即使是显赫贵族，即使是欢乐盛会，也常要用悲哀的"挽歌"来作乐。"京师宾婚嘉会，酒酣之后，续以挽歌。"（《后汉书·五行志》注引《风俗通》）"大将军梁商……大会宾客，谯于洛水……酣饮极欢，及酒阑倡罢，继

陶彩绘马〔西汉〕

以薤露之歌，坐中闻者，皆为掩涕。"(《后汉书·周举传》)这虽被儒家讥评为"哀乐失时"（同上），却作为风尚，一直延续到魏晋，如"袁山松出游，每好令左右作挽歌"(《世说新语·任诞》)，"张骥酒后挽歌甚凄苦"（同上）。钱锺书说："奏乐以生悲为善音，听乐以能悲为知音。汉魏六朝，风尚如斯。"[①]又说："吾国古人言音乐以悲哀为主。……使人危涕坠心，匪止好音悦耳也，佳景悦目，亦复有之……或云'读诗至美妙处，真泪方流'。……故知陨涕为贵，不独聆音。"[②]由音乐而自然景物而诗，审美和艺术常以激发人的悲哀为特征和极致，这大概是一种普遍规律，也是塑造人性情感的一种非常重要的方法或模式。而最悲哀的莫过于生死之间，对死的悲哀意识正标志着对生的自觉，它大概来源于上古的"丧礼""葬礼"。上节曾引Gadamer的话说人性起始于埋葬死者。中国的"礼乐"传统也首重丧葬。儒家保存和发展这传统，并开始加以内在化。孔子说，"丧与其易也，宁戚"，即强调比仪式更重要的是内在情感的悲哀。在人性自觉和心理塑造中，悲哀是种非常重要和突出的感情。动物没有丧葬礼仪，从而也大概不会有对死亡具有认识性能和深重悲哀；而原始人群通过丧葬礼仪所共享的这种悲哀，是某种情感的自意识、自咀嚼，其中

---

① 《管锥编》第三册，北京，中华书局，1979，第946页。

② 《管锥编》第三册，北京，中华书局，1979，第949—950页。

包含着对生活、对人际关系、对生存的某种理解、认识和回顾，包含着某种记忆、理解和认同，这对于巩固原始群体、增进群体成员的团结合作，是有重要的社会功能的。从内在心理方面说，它使生物性的情绪因为上述性能而人性化，使生物情感具有自意识的理性内容。这也就是塑造情感、陶冶性情，是当时建立"普遍性的情感形式"的一种重要成果。

楚骚中本多悲哀，到汉代挽歌风行，即使在兴高采烈欢愉嘉会后，也"续以挽歌"，便把原始的"礼乐传统"提到另一种境地。与屈原的生死反思接近，它是上层贵族和智识者的生存自觉。对死亡的哀伤关注，所表现的是对生存的无比眷恋，并使之具有某种领悟人生的哲理风味。所谓欢乐中的凄怆，不总是加深着这欢乐的深刻度，教人们紧张把握住这并不常在的人生么？甜蜜中的苦涩，别是一番滋味。这滋味的特征在于：它带有某种领悟的感伤、生存的自意识和对有限人生的超越要求，即是说，它有某种对人生的知性观照在内，然而它却仍然是情感性的。它既是对本体存在的探询，又是对它的感受。

可见，自《楚辞》、汉挽歌、《古诗十九首》到魏晋悲怆，环绕着这个体生死的咏叹调，一方面继承了远古礼乐传统和儒家仁学的人性自觉，另一方面却把它们具体地加深了。魏晋作为人的自觉时代，通过这方面，突出地显现了这一情理结构的塑造进程。

从现实社会讲，由《人物志》为代表的政治性品藻，逐渐转换到以《世说新语》为代表的审美性品藻[1]，标记着理想人格的具象化。从哲学理论说，这理想人格的追求本来自《庄子》，魏晋玄学却把它落实到生死——人生感怀的情感中了。魏晋整个意识形态具有的"智慧兼深情"的根本特征，即以此故。深情的感伤结合智慧的哲学，直接展现为美学风格，所谓"魏晋风流"，此之谓也。

冯友兰论"魏晋风流"提出了四点，即"必有玄心""须有洞见""须有妙赏""必有深情"（《三松堂学术文集·论风流》），也是这个意思。即必须是智慧（如"洞见""玄心"等）和深情。所谓"深情"，首先就是这种生死之情，这是最大的"情"。

前面已说，庄子那种齐寿夭、一死生的人生态度是魏晋名士们所向往所追求却实际做不到的。正因为做不到，就反使死生寿夭问题在情感上变得更为突出，更加耿耿于怀，不能自已。《世说新语》记载了大量有关"伤逝"的哀悲：

> 王戎丧儿万子，山简往省之，王悲不自胜。简曰："孩抱中物，何至于此？"王曰："圣人忘情，最下不及情；情之所钟，正在我辈。"（《世说新语·伤逝》）

---

[1] 参阅李泽厚、刘纲纪：《中国美学史》第2卷，第3章。

支道林丧法虔之后，精神霣丧，风味转坠。……后一年，支遂殒。（同上）

"恸绝""哭甚恸""不胜其恸""又大恸"……这些充满了"伤逝"情怀的记载，却正是魏晋风度的显露，即所谓"埋玉树著土中，使人情何能已已"（同上）。这完全不是鼓盆而歌，强颜欢笑，以理忘情；庄子这种态度已被指斥为"妻亡不哭，亦何可欢？慢吊鼓缶，放此诞言；殆矫其情，近失自然"。（严可均编《全晋文》卷60）庄子所感叹的"山林欤！皋壤欤！使我欣欣然而乐欤！乐未毕也，哀又继之；哀乐之来，吾不能御，其去，弗能止。悲夫！世人直为物逆旅耳"（《庄子·知北游》），却是名士们所非常欣赏和深深感受的。王弼在哲学上曾论证说圣人"同于人者",是"五情","五情同,故不能无哀乐以应物"。①所谓"不能无哀乐以应物",也即是"使人情何能已已"。因此也就可以"不胜其恸""一恸几绝"。这种对庄子忘情的改造,表面看来,似乎是儒家的渗入;但儒家并不主张这种对生死的极大悲痛和哀怆。"子夏哭子丧明",曾被儒学斥责。"一恸几绝""恸绝良久,月食亦卒"……在儒家看来,是"未为达理"的。因之,这毋宁是自汉以来以屈原为代表的楚风的持续影响,是汉代悲怆挽歌的承续发展。在这里,屈与儒、道(庄)渗透融合,形成了以情为核心的魏晋文艺—美学的基本特征。而时代动乱,苦难连绵,死亡枕藉,更使各种哀歌,从死别到生离,从社会景象到个人遭遇,发展到一个空前的深刻度。这个深刻度正在于:它超出了一般的情绪发泄的简单内容,而以对人生苍凉的感喟,来表达出某种本体的探询。即是说,魏晋时代的"情"的抒发,由于总与对人生——生死——存在的意向、探询、疑惑相交织,从而达到哲理的高层。这正是由于以"无"为寂然本体的老庄哲学以及它所高扬着的思辨智慧,已活生生地渗透和转化为热烈的情绪、锐敏的感受和对生活的顽强执着的缘故。从而,在这里,一切情感都闪烁着智慧的光辉,有限的人生感伤总富有无垠宇宙的含义。它变成了一种本体的感受,即本体不

---

① 《王弼集校释》,北京,中华书局,1980,第640页。

只是在思辨中，而且还在审美中，为他们所直接感受着、嗟叹着、咏味着。扩而充之，不仅对死亡，而且对人事、对风景、对自然，也都可以兴发起这种探询和感受，使世事情怀变得非常美丽。

> 桓公北征经金城，见前为琅琊时种柳，皆已十围，慨然曰，木犹如此，人何以堪，攀枝执条，泫然流泪。(《世说新语·言语》)
>
> 卫洗马初欲渡江，形神惨顿，语左右云："见此茫茫，不觉百端交集。苟未免有情，亦复谁能遣此？"（同上）
>
> 谢太傅语王右军曰：中年伤于哀乐，与亲友别，辄作数日恶。（同上）
>
> 桓子野每闻清歌，辄唤奈何。谢公闻之曰，子野可谓一往有深情。(《世说新语·任诞》)
>
> ……

这种触目伤心的人生感怀、本体感受，便是深情兼智慧的魏晋美学。屡见于当时的所谓"才情""情致""神情""风采""容止"的人评、诗赞，也莫不与此攸关。敏捷的才思、深微的论辩、美丽的言辞、真切的情感，亦即冯友兰所提的那四项，都由于与这个人生—宇宙大问题直接间接相关联而具有了深意。它当然不会再是汉代经学的拘拘章注小儒，也不是后世理学的谦谦忠厚君子，而是风度翩翩、情理并茂的精神贵族。这种精神贵族的心灵情理结构便是当时的人格标本。这种人格标本虽以庄老为其哲学玄理，但实际由于屈骚传统的深入化融，"情"便成为其真正的核心。"名士不必须奇才，但使常得无事，痛饮酒，熟读《离骚》，便可称名士"（《世说新语·任诞》），这虽然是在讥讽指责假名士，但也可看出魏晋"名士"与《楚辞》的关系。这也就是为什么儒家的道德、老庄的思辨在这里都化而为审美—艺术的人生观、自然观，并在这一时期特别突出、空前绝后的原因。

从哲学讲，庄、老、易当时并称三玄，是魏晋名士津津乐道的学问。以虚无为本体的魏晋的老庄哲学所指向的潜在的无限可能性，并不是真正的虚空、空无，它可随时化为万有。这就与儒家《易》学的世界观人生观相汇通了。《易》的万有流变的生的礼赞，庄的高举远慕的人格本体，屈的死亡反思的一往深情，在魏晋时代充分地交融会合，便使以"无"为本的形而上学本体论的构建不纯粹是抽象思辨的结晶，使玄学所强调的通过有限又抛弃有限（"尽意莫若象，尽象莫若言"；"得意而忘象，得象而忘言"）所达到的无限，不仅仅是思辨的智慧，而且更是情感的体悟。它不仅仅是普遍性的逻辑认识，而且更重要的是个体性的心理建构。它是一种"本体的感受"，它是在个体情感的感性中来探询、领会、把握和达到那"无形""无名""无味""无声无臭"的本体。这是一

种具体的、充满了人世情感的感受。所以,王弼讲"圣人体无"的特征,正在于既"神明茂"又"五情同",前者是智慧,后者是哀乐。这种理想人格,不就正是魏晋名士们那种种玄谈无碍而又任情抒发的理论概括么? 不是别的,正是"深情兼智慧"的意识特征,使魏晋哲学具有美学性质,并从而扩及各个领域的艺术实践和艺术理论中。陆机的《文赋》、宗炳的《画山水序》、王微的《叙画》、刘勰的《文心雕龙》、锺嵘的《诗品》等,都无不围绕着这个"情理结构"在旋转。魏晋哲学—美学中讲的"无""道""神""意",其中都有着这个"情理结构"的背影。所谓"魏晋风骨""晋人风度""诗缘情""传神写照"等,也均应从此处深探。这时的美学不再像过去仅仅关心情感是否符合于儒家的伦理,而更注意情感自身的意义和价值。情感已和对人格本体的探询感受结合起来,它的审美意义已超出伦理政教，从而文艺便不再只是宣扬"名教"的工具了。虽自礼乐传统和儒学美学以来，一直认为艺术和情感不可分开，但在纯粹审美的意义上来看待艺术和情感，应当说是始于融合了庄、屈在内的魏晋美学的。

庄、屈、儒在魏晋的合流，铸造了华夏文艺与美学的根本心理特征和情理机制。在这个机制模态中，作家、艺术家们去感知，去感受，去抒情，去想象，去理解和认识。正因为在这个合流交会中，有易、庄的牵制，华夏文艺便不讲毁灭中的快乐。不讲生命的彻底否定，没有从希腊悲剧到尼采哲学的那一套。由于有屈、庄的牵制，华夏文艺便总能够不断冲破种种儒学正统的"温柔敦厚""文以载道""怨而不怒"的政治伦理束缚，蔑视常规，鄙弃礼法，走向精神—心灵的自由和高蹈。由于儒、屈的牵制，华夏文艺又不走向空的残酷、虚妄的超脱或矫情的寂灭，包括著名佛家如支道林，也因知友之丧而"风味顿蹶"，以致"殒亡"的深情如此么？

由于这种文化心理建构是儒、道、屈三家融合而成的深层的情理交会，它所敏感的人生宇宙的苍凉悲怆，便经常是饱历风霜的人事阅历和生活洗礼的感受，所以它常常并非少年感伤，而更多是成人忧患。无论是屈、陶、李、杜，无论是司马迁、曹雪芹，无论是苏、辛、关、马，也无论是那些著名的书画大师，华夏文艺所重视的，是所谓"人书俱老"（"人书俱老"的另一因素，是严格而自由的形式规范所要求的技巧的高度熟练），也就是这种饱阅风霜使情理经历了各种苦难洗礼和生死锤炼的成熟的人性。所谓"庾信文章老更成""暮年诗赋动江关"（杜甫诗）云云，指示的都是这种充满人生阅历和生活锤炼的心理人格结构：它在痛苦、艰难、困阻、死亡中锤炼过，经历过，领略过……

如果说，在这个儒、道、屈的合流中，陶潜更呈现了前二者融会的特色故更偏于道的话；那么，阮籍则可说具有后二者融会的特色而更偏于屈。无论是《大人先生传》《咏怀诗》等诗文，还是强调"自然"高于"名教"的理论，那猛烈抨击礼法、鄙薄世俗、蔑视一切、揭示种种虚伪卑劣，从而追求"超世而绝群，遗俗而独往，登乎太始之前，览乎忽漠之初"[1]，尽管充分地表露出道家庄子的深刻印痕，但正如刘勰《文心雕龙》所说，"阮籍使气以命诗"，他的那种高蹈，又并不像庄子那样飘逸高远，而毋宁具有着一股被勉强压抑下去的巨大的恐惧、愤懑、激昂和悲哀，它充满着人世间的忧患、哀伤和沉痛，并与生死存亡的惊恐、思索连在一起。"身仕乱朝，常恐诽谤遇祸，因兹发咏，故每有忧生之嗟。"[2]这实质上承继了屈骚传统，而成为阮的基本特色。

"无味而和五味""无名而名万物""圣人应物而不累于

---

① 《阮籍集》，上海，上海古籍出版社，1978。

② 《昭明文选》卷 29，阮嗣宗《咏怀诗》李善注。

秋林放犊图［南宋］

物"，这种以"无"为本，追求与"道"合一，从而"畅神""尽意"，看来似乎飘逸潇洒得很的魏晋风度和美学，却在阮籍这里，落实为如此深情而愤慨的激动哀伤，其中的消息不是很可玩味的么？请读阮的《咏怀诗》：

> 夜中不能寐，起坐弹鸣琴；薄帷鉴明月，清风吹我襟；
>
> 孤鸿号外野，朔鸟鸣北林；徘徊将何见，忧思独伤心。
>
> 殷忧令志结，怵惕常若惊；逍遥未终晏，朱阳忽西倾。

蟋蟀在户牖，蟪蛄号中庭；心肠未相好，谁云亮我情。愿为云间鸟，千里一哀鸣；三芝延瀛洲，远游可长生。

如此恐惧哀伤，如此忧愤不平，如此芬芳绚烂，这种要求"远游可长生"，与庄子的"逍遥游"不是很不一样么？它几乎直接《楚辞》。而这，却是当时玄学家的作品。嵇康也是这样。这不正是"情之所钟，正在我辈"的另一种表现么？"我辈"不是神，神可以完全超越而无情；也不是物，物可以无知无识而无情；正因为是具备感性血肉有生有死的个体（人），才会有这生命的嗟叹，宇宙的感怀，死亡的恐惧……这是怎样也难以解脱的。

从而，这个"情"便不复是先秦两汉时代那种普遍性的群体情感的框架符号，也还不是近代资本主义时期与个体感情欲求（"人欲"）紧相联系的个性解放。这个"情"虽然发自个体，却又依然是一种普泛的对人生、生死、离别等存在状态的哀伤感喟，其特征是充满了非概念语言所能表达的思辨和智慧。它总与对宇宙的流变、自然的道、人的本体存在的深刻感受和探询连在一起。艺术作为情感的形式，由远古那种规范性的普遍符号，进到这里的对本体探询和感受的深情抒发，算是把艺术的本质特征较完满地凸现出来了。

魏晋哲学之所以美，魏晋风度之所以美，魏晋六朝的书法和雕塑之所以美，原因恐怕都在这里。

在中国历史和文艺史上，魏晋大概是既最为玄思巧辩又最为任情抒发的时代。但从上面也可看出，无论在思辨的智慧中或深情的抒发中，尽管有屈、庄、儒的交会融合，就人物的行为、生活、理想、人生态度说，或者是就思想、情感、性格的组合构成说，表面上屈、庄似乎突出，实际上却仍然是儒家在或明或暗地始终占据了主干或基础地位。所以，嵇康抗命而其子尽忠，陶潜洒脱却训儿谨慎，阮籍放浪形骸却又明哲保身。包括魏晋时代相当流行、在上述几位那里便非常突出的醉酒，便也完全不同于西方的酒神精神，不是那情

● 陶渊明诗意图册之一 〔清〕石涛之

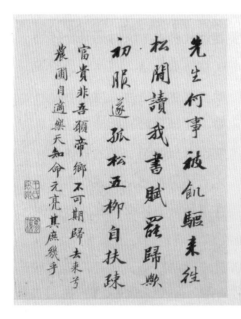

欲的狂欢和本能的冲力，而仍然是在从逃避中寻理解，于颓废中求醒悟，仍然有着太多的理性。从当时刘伶的《酒德颂》，直到后世欧阳修的《醉翁亭记》，都明显呈现出这一点。醉，本是可以麻木理智，放开感情，一任本能，纵其冲动的。但在中国，却"唯酒无量不及乱"（《论语·乡党》），两千年来，也始终没能超出孔夫子所划定的这个理性态度的范围。"何以解忧，唯有杜康"（曹操诗），"抽刀断水水更流，举杯浇愁愁更愁"（李白诗），……围绕着酒和醉的，仍然是人世的烦忧、人际的苦痛和对人生、对生活的理性执着和情感眷恋。不是本能的冲力，不是这冲力所要求或造成的对人生对世界的捣毁、破坏和毁灭，而仍然对人生对世界是那样地含蓄温柔、深情脉脉、情理和谐。

谁道闲情抛掷久？每到春来，惆怅还依旧；日日花前常病酒，不辞镜里朱颜瘦。堤上青芜河畔柳，为问新愁何事年年有？独立小桥风满袖，平林新月人归后。

这被王国维誉为"堂庑特大，开北宋一代风气"（《人间词话》）的正中词（冯延巳）已没有魏晋风度中的本体探询了，但因为保存了那一往情深而非常美丽。深情、执着、温柔含蓄，成了华夏美学的标准尺度。它承继着儒家诗教的"温柔敦厚"，却又突破而补充着它。这是应该从魏晋算起的。

3."立象以尽意":想象的真实

如同上章"逍遥"的理想人格落实在"人的自然化"和无意识规律中一样,生死反思和深情智慧在审美—文艺领域,则落实为想象的真实,使"赋比兴"的原始儒家的诗学,过渡为艺术意境的创造。

孔子说,"祭如在,祭神如神在"(《论语·八佾》);又说"吾不与祭,如不祭"(同上)。这种必须本人亲自参加的祭礼,

包含着对神的想象的礼敬，是一种对本体存在的超道德的感情态度，是活跃在想象中的神秘情感。其实，这与文艺中的"比兴"就有关系。我曾如此认为：

> ……文艺创作为什么要比兴？……在我看来，这里正好是使情感客观化、对象化的问题，"山歌好唱口难开""山歌好唱起头难"。为什么"起头难""口难开"呢？主观发泄感情并不难，难就难在使它具有能感染别人的客观有效性。情感的主观发泄只有个人的意义，它没有什么普遍的客观有效性。你发怒并不能使别人跟你一样愤怒，你悲哀也并不能使别人也悲哀。要你的愤怒、悲哀具有可传达的感染性，即具有普遍的有效客观性，……这要求把你的主观感情予以客观化、对象化。所以，要表达情感反而要把情感停顿一下，酝酿一下，来寻找客观形象把它传达出来。

● 诗经·小雅·节南山之什图卷 ［南宋］马和之

这就是"托物兴词",也就是"比兴"。无论是《诗经》或近代民歌中,开头几句经常可以是毫不相干的形象描绘,道理就在这里。①

这解说从理论上看是对的,但从历史上说,却简单了些。因为"比兴"自身也有一个变化发展的过程。远古华夏以"乐"为核心的传统,进入"诗言志"的领域之后,情感的核心因素虽未减退,但这情感仍然是普遍性情感形式,并且在其开头,主要是为祭礼所需要、所要求唤起的群体情感,它具有本氏族部落特定的宗教—历史性质。因之,所谓诗歌开头似乎是"毫不相干的形象描绘",例如以动植物为对象开头的诗篇,"关关雎鸠"也好,"燕燕于飞"也好,最初都有其具体的历史来由和氏族传统,并非诗人们随手拈来的自然对象。特别是这种规范、框架的所谓"比""兴"方式,其来源更是如此。

已有研究者指出,中国古代诗歌中比较常见或普通的"起兴"如鸟、鱼、植物,都有其特定的氏族的神话——巫术——宗教的远古历史背景。例如鸟与祖先崇拜、鱼与生殖祈祷、树木与社稷宗室(即氏族家国)崇拜有关。从而,一开头用鸟、鱼、树木等作为描述对象,本来是有其传统的严重含义的,

———————

① 拙著《美学论集》,第 565 页。

而绝非今天一般的鱼、鸟之类的比喻，也不只是后世一般的情景交融的创作过程或手法。"兴的起源即人们最初以他物起兴，既不是出于审美动机，也不是出于实用动机，而是出于一种深刻的宗教原因。"①就是说，那鸟、鱼、植物，作为起兴，本是某种巫术、神话或宗教的观念，对其氏族、部落有难以语言解说的神秘含义，它出现在人们的想象情感中，如同祭神仪式的音乐、辞语一样，是具有某种严重的本体意义的。

但是，随着岁月的推移，如同在新石器时代陶器图案纹样的由写实到抽象，"是一个由内容到形式的积淀过程，也正是美作为'有意味的形式'的原始形成过程"，以及"随着岁月的流逝，时代的变迁，这种原来是'有意味的形式'，却因其重复的仿制而日益沦为失去这种意味的形式，变成规范化的一般形式美"②一样，这些"起兴"也由本来具有的巫术、神话、宗教传统的含义日益转变成为一种"先言他物以引起所咏"的情感客观化的一般的普遍形式了。"随着历史的发展，原始兴象逐渐失去了其原有的观念内容而变为抽象的形式。……这个形式被不断地模仿借鉴，使之逐渐趋于规范化，并成为独立的艺术形式"③，即"比兴"的艺术形式。如同在造

---

① 赵沛霖：《兴的起源》，北京，中国社会科学出版社，1987，第247—248页。

② 《美的历程》第1章。

③ 赵沛霖：《兴的起源》，北京，中国社会科学出版社，1987，第247—248页。

型艺术中，"内容积淀为形式，想象、观念积淀为感受"①一样，在这里，本来是特定的集体（氏族、部落等）思想情感的特定表现形式，日渐积淀、转化和扩展为情感客观化的一般普遍感受—想象规律。鸟、鱼、植物，不再具有原有巫术——神话——宗教的严重的观念内容，而成为一般的自然物象被人们所感受和想象。正像我们今天读"燕燕于飞"，只会感受到、想象到轻盈双燕，而不会再有任何神秘的或神圣的情感观念了。所以，一方面是想象—情感自身的转换，由在巫术、神话、宗教观念中具有神秘性的想象和情感，转换和扩展为对自然景物的比较宽泛自由的日常的想象和情感；另一方面是"比兴"的艺术形式的确定，由具有直接、具体的神秘内容的严重表达形态，转换为普泛适用的一般艺术形式，成了借物抒情的自由的形式。这即是说，自然景物的客观对象可以自由地成为日常生活中抒发情感的对象和手段了。这两者正好携手同行。艺术仍然是想象的产儿和情感的逻辑，只是这产儿和"逻辑"，有了其走向人间的深刻变异。

但是，山水花卉鸟兽草木真正作为情感表现和自由想象的对象，又还经历了一个过程。不但山水诗、画作为独立的美学客体（审美对象）兴起较晚，而且真正作为诗的自由"比兴"，也是如此。从巫术、神话、宗教脱身之后，以自然景物

---

① 《美的历程》第 1 章。

●夏卉骈芳图［宋］

来作为情感抒发的发端和寄托，在以社会论政治哲学为主题的先秦，先是过渡到所谓"比德"的阶段。像孔子关于山水的比拟："子曰：知者乐水，仁者乐山，知者动，仁者静；知者乐，仁者寿"（《论语·雍也》）。"为政以德，譬如北辰，居其所而众星拱之"（《论语·为政》），以及所谓"绘事后素"（"礼后乎？曰：始可与言诗也矣"）（《论语·八佾》）和孟子讲的"以意逆志"（《孟子·万章上》），便都属于这种方式。它表现在自然景物方面，是对自然景物的感受反应，也从属在对社会人事的理知认识下，这仍然是礼乐传统和儒家仁学的延续。

从上引文可见，山水星辰在这里虽然已不再具备神话、巫术、宗教的内容，却有着确定的伦理道德的含义。用山、水比仁、智，孔子之前就有；晚于孔子的更多。例如荀子将水来与"德""义""道""勇""志"等相比，等等。所有这些比拟的特征，在于使伦理、道德的规范或范畴通过理知的类比思考，而予以情感化和感受化。在这种比拟中，尽量使得自然现象与伦理特性通过理知的确定认识，来创造出它们在情感上的相互对应的关系。例如，山与人的稳定、可靠、巨大功绩、坚实品格，水与人的活泼、快乐、无穷智慧、流动感情，便是通过这种理知的明确认识，来建构或唤起情感上的同形相似的。也即是说，情感的建立和塑造，是通由理知作为中介而实现的。

先秦时期的这种"比德"方式被长久承继下来，这一具体途径的情理结构也成了一种传统。例如，一直到清初的石涛的美学中，也仍然将自然的山与"礼""和""谨"等伦理道德范畴相类比。[①]一直到今天，以所谓梅、兰、竹、菊"四君子"来比拟崇高人格、庄严情操（梗直、耐寒、不凋……），不仍然是中国知识分子和文艺家们（如画家）所经常运用的文艺形式的情感符号么？又如，汉代《说文》曾说"玉"有"仁、义、智、勇、洁"五"德"。而以"玉"来命名女性，不至今仍到处可见么？玉在古代是一种礼器，在中古也是作为圭臬、腰带的或神圣或吉祥的佩物，都是以自然性的质地、触感和颜色来作为温厚贞洁等道德性的类比，使自然感受与伦理感情相交融。京剧不是连脸谱的色彩也予以道德含义么？"墨、

---

① 参阅石涛：《苦瓜和尚画语录》。

● 玉镂雕勾云形佩［新石器时代］

白、红、蓝、黄、绿"分别代表"刚、奸、忠、凶、勇、残"。
所有这些，都是以不同方式将自然性的形象特征，通过概念
性的理知认识来激起伦理感情，以成为审美的感受或表现对
象。可见，总的来看，与客体自然特征相对应联系的生理反
应能取得社会性的内容，首先是通过上述巫术——神话——
宗教（"兴"的起源）的中介，然后是通过这种伦理理知（"比
德"）的中介，而逐渐实现的。艺术的创作与欣赏，审美情感
的建立和实现，也首先是群体（氏族、部落）的原始神秘的
意向、情感、观念通由自然物的"比兴"而客观化、对象化，
然后是道德伦理的人格情操通过这种"比德"而客观化、对
象化。这便是社会性的观念、思想与生物性的情绪、感受交

叉会聚的历史行程。所谓"比兴""比德"便是华夏美学塑造人性情感、心理结构的具体方式，它明显是"礼乐传统"和儒家哲学的承继和表现。

所谓"比德"，首先也是从音乐转移到其他艺术包括文学上来的。"比兴"和"比德"本来就连在一起。正如古代的巫术、神话、宗教为儒家所道德化伦理化一样，"礼乐"传统中对"乐"的解释论证便充满了"比德"的内容，这也正好表现了具有巫术、宗教性能的礼乐传统向儒家伦理的过渡遗迹。《乐记》里讲了大量"其清明像天，其广大像地，其俯仰周旋有似乎四时"的"比德"。这种"比德"观在许多地方牵强附会到了荒谬的地步，从《左传》《论语》《荀子》中也可以看到这一点，它们是一脉相承的。再延续下去，便是第二章讲过的从《易传》到董仲舒建构五行同构的宇宙图式了。到汉代，"比德"在文艺上的理论体系，就是汉儒《诗经》的"美刺"解说，这也在第二章中讲到，那完全成为一种牵强附会的伦理政治的解释学，连朱熹也不满意和不相信了。这种对文艺的政治解释学的"读法"，随着时代的发展，才日益过渡到真正美学的"读法"。屈原在这过渡中，要算一个重要环节。

如本章一开头所讲，屈原是接受了儒家教义的。这也表现在他创作的"比德"特点上。他的作品中有大量的"比德"。有如汉代王逸《离骚经序》所说，"善鸟香草，以配忠贞；恶禽臭物，以比谗佞；灵脩美人，以媲于君；宓妃侠女，以譬贤臣；

虬龙鸾凤，以托君子；飘风云霓，以为小人。"《楚辞·九章》中的《橘颂》，便是著名的"比德"篇章，对橘的描写只是对自己品格情操的自颂："受命不迁，生南国兮。深固难徙，更壹志兮"；"秉德无私，参天地兮"。所有这些，表明屈原完全接受了儒家的诗教影响，将"比德"极大地运用和扩展到许许多多的事物景色，美人芳草，龙凤云霓，人禽动植……

但是，值得细致区分的是，在哪些方面《橘颂》比"比德"的诗教跨出了一步？其中，较明显的是，在屈原这里，作力道德象征（符号）的自然景物所要表达的，已不只是抽象的道德观念（仁、智等）或理论主张（如"绘事后素"），而是本身包含着政治伦理观念却又不完全等于它们的情感本身。即是说，这里作为概念式理性中介的，已不纯粹是道德概念和伦理范畴，而是包容情感于其中的感受和想象。这样，也就使道德伦理的理知性概念变得柔和、多义和朦胧。因为，在屈原这里，既不再是那远古的巫术、神话、宗教的神秘性的群体情感，也不只是儒家诗教所要求的那种道德伦理的概念说教，美人芳草、自然景色虽仍是道德的表征，但同时已是某种不确定性、多义性的情感符号，它从而是一种真正象征的形象。"美是道德的象征"这个 Kant 美学中的重要命题，在中国，是由屈原最先完满体现出来的。Kant（康德）和 Goethe（歌德）都指出过色彩与道德的类比联系，其实这也就是中国的"比德"。但"其志洁，故其称物芳"（《史记·屈原贾生列传》），在屈原《离骚》《九章》等作品中，以"美人香草"为代表的那些象征符号，已不再是纯"比德"的概念认识，不再只是由类比抽象概念认识所激起的普遍情感，而是这些符号本身所包含和唤起的富有"志洁"个性的情感创作了。

需要研究的是，概念性的认识、道德伦理性的情感、由自然景物生发起的想象和感受这三者是如何具体地交会配合、结构组成和推移变化的。这属于文艺心理学，越出了本书范围，不能详论。粗略看来，如前所说，从对自然景物的神秘性的原始想象和对神灵本体的畏敬情感（原始的"起兴"），到由概念性的明确认识为中介，以自然景物比拟于伦理道德的品德来造成与情感的联系（"比德"），再到自然景物的想象逐渐占优势从而直接地自由地联系各种情感和感受，可能便是文艺心理或审美心理的三个阶段的历史进程。其中，想象一环的突出地位，无论是神秘性的朦胧想象（原始的"兴"），或是概念性的想象（"比德"），或是真正个性情感性的想象，在审美的情理结构的塑造形成中，无疑都极为重要。想象在这里，不只是心理问题，经由历史，它已形成某种人文的模态。它积淀在传统中，呈现在文艺上，哲学应注意它在建构塑造心理本体的情理结构中的重要地位和功能。

拙著《中国古代思想史论》曾强调，儒家的宇宙观以渗透情感为其根本特征。所谓"日新之谓盛德""生生之谓易"，便既是伦理道德性的，又是审美情感性的。儒家哲学将整个宇宙、自然、天地予以生命化、伦常化、情感化，其中就包含着巨大的想象，只是这想象由原始的巫术、神话、宗教的荒诞阶段，进到"比德"的概念阶段，再进到无概念痕迹的情感阶段罢了。最后这一阶段，也就是 Kant 讲审美时所说的无概念而愉快了。屈原可说是从第二阶段迈向第三阶段的重要代表。（至于《诗经》中的"杨柳依依""蒹葭苍苍"，是否即如后世的情景意境，则未必然。它们只是后世以至今天的"读法"。在当时恐确有其具体人事、礼仪的含义，在这方面，汉儒美刺说，又是有其历史根据的。）

但"比德"方式在文艺创作和现实生活中也同时顽强地延续着。直到清代，张惠言说词，还是用政治的解释学来解读它们。文艺政治学的"读法"仍然压倒着美学的"读法"。举一个例，如欧阳修著名小词："庭院深深深几许？杨柳堆烟，帘幕无重数；玉勒雕鞍游冶处，楼高不见章台路。雨横风狂三月暮，门掩黄昏，无计留春住；泪眼问花花不语，乱红飞过秋千去。"张解释为："'庭院深深'，闺中既以邃远也。'楼高不见'，哲王又不寤也。'章台游冶'，小人行径；'雨横风狂'，政令暴急也；'乱红飞去'，斥逐者非一人而已，殆为韩（琦）范（纯仁，均宰相）作乎。"[1]这种读法便是"绘事后素""美

---

① 张惠言：《词选》。

● 柳院消暑图 ［宋］

人香草"和汉儒"美刺"解诗的传统，它是儒家文化所独有的"想象"。甚至到现代，周作人解释鲁迅的《伤逝》，即使已无政治的内容，也仍然是这种"读法"，即认为：这是以男女之情寄兄弟之爱，"《伤逝》不是普通的恋爱小说，乃是假借了男女的死亡来哀悼兄弟恩情的断绝的。我这样说，或者世人都要以我为妄吧，但是我……深信这是不大会错的。"[1]张、周的解释不必可信，但它表现了这种"读法"、这种想象——认识（理知）——情感的心理结构，是由来久远的表达和接受的传统模式。直到今天的书面语言，从诗文到通信，在某种情况下，用冷暖阴晴喻政局好坏，以表达感情，交流感受，传递信息，不也仍然可见么？

不过，不管怎样，从魏晋开始，这种"比德"型的想象——认识（理知）——情感的结构方式毕竟不占主要地位了。日益占主要地位的，是非概念性的理解（认识）与情感、想象融为一体。而魏晋所以从汉代经师的"比德"解诗的说教中解放出来，也正由于上节所讲的"深情兼智慧"的人生感受和本体探询，使认识日益重情感性的领会而不重概念性的言传，使感情日益成为某种人生智慧和宇宙感怀，这种直观妙赏和理性深情的交会融合，使情理结构中的互渗性获得了改变和扩展，这就使想象逐渐挣脱概念认识的束缚，为它提供了更

---

① 《知堂回想录》，香港，三育图书文具公司，1970，第426—427页。

为自由的园地。以儒家为主体的华夏美学，正是在吸收了屈骚并经由魏晋之后，进一步这样扩展了它的人文道路。

本来，在用自然景物与人的道德相比拟以建构情感心灵时，美是作为道德的象征，而不是作为神的象征；自然景物是作为道德、品德的符号寄托，而不是作为神秘的威力或神的奇迹显露，这种美学思想的总方向就明显地指向世间，指向人际社会，而不是指向神灵、神秘，不是指向那超自然超社会的恐怖的无限深渊——这正是许多宗教象征（像印度的湿婆梵天的转轮）所具有的。儒家哲学将无限有限化，并即在此有限中去体验、把握无限，所追求的是通过现实具体的情感符号去体会把握那超越有限的无限本体，这本体如上节所说，又是人格情操的理想。这一方面，如第二章所说，又是将人的生命宇宙化、自然化。而想象就是其中的桥梁。《世说新语》中有那么多关于人与自然的比拟，就完全超出了原有的狭隘的"比德"框架，有了自然与人（人格、人生、人的风貌、人的存在）相同一的情感性的想象真实：

时人目王右军飘如游云，矫若惊龙。

有人叹王公形茂者，云："濯濯如春月柳"。

王公目太尉，岩岩清峙，壁立千仞。

……

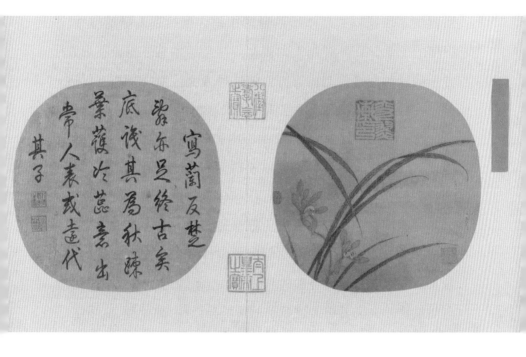

● 秋兰绽蕊图 〔宋〕

　　这不再是伦理道德性的"比德"了。虽然仍有从"比德"
而来的印痕，但它们已是人格风貌与自然景物的直接相联的
感受—想象，在这想象中表达着赞赏性的肯定情感，无需以
抽象性的伦理概念为中介，从而具有某种多义性、不确定性
的特色。从形式看，这里作为符号、象征的自然物与人的关
系是直接的对应关系，它固然不再需要概念认识来作为中介。
从内容看，这里作为符号、象征的自然景物也不需要超人的
第三者（神）来作为中介或作为支配主宰；所有符号、象征

所提供、所指向、所塑造的情理结构，仍然是人际的感情、世间的悲欢，而不是超人的观念或超世的情感。想象在形式方面的这种变迁，与内容方面的这种人文进展，是相互促进的。神秘的环境和恐怖的空间（像汉墓壁画和《楚辞·招魂》里的四方），日益转化成人文的历史和深情的时间。如同在屈原那里毁灭了仍存在，即使以死亡为依归的心灵，却仍然留给活着的心灵以美好的、生存性的建构一样，魏晋以来，那么多的空间形象（自然景物）都渗透了时间的深情和人文的依恋。这一点非常重要。尽管因此也许使中国文艺的情感和想象总限定在某种闭合性的和谐的时空系统内，但也由于此，自然景物才失去其可能被赋予的种种异己性、神秘性、威吓性，从而才有可能在日后的发展中，日益与人的各种感情交会融合，而终于创造出中国文艺的基本范畴：艺术"意境"。

艺术"意境"离不开情景交融，所谓情景交融，也就是近代西方美学讲的"移情"现象（Empathy）。"移情"现象有好几种。其中有给予形式以生命的所谓"统觉移情"，这就是上章说过的形式同构感，如线条的动静感，以及"喜气写兰，怒气写竹"（兰的舒展与喜、竹的硬直与怒）[①]之类。其二是所谓"经验移情"和"氛围移情"（如色彩表现性格、音乐表

———————

① "元僧觉隐曰，吾尝以喜气写兰，以怒气写竹，盖谓叶势飘举，花蕊舒吐，得喜之神；竹枝纵横，错出如刀刃饰怒耳"。李日华《六研斋二笔》卷3，第27页。参阅《李泽厚哲学美学文选·审美与形式感》。

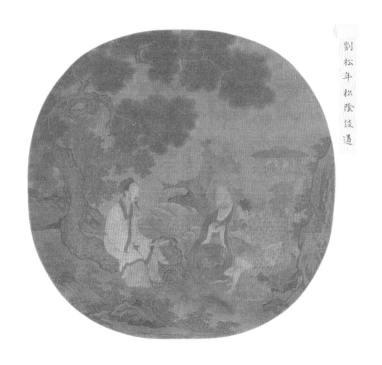

松荫谈道图
[宋]

刘松年松阴谈道

现力量等），还有好些别的移情种类。总之，是以享受（或创造）的自我与观赏（或创造）的对象的交融，即对象的形态或活动唤起我的情感活动和意向，又消失在全神贯注的观照或创造中，而为对象的形态或活动所代替，亦即自身情感与对象形式合而为一。而这，正是华夏文艺中所极力追求的情景交融、物我同一。达到了这样一种移情或情景交融，从想象形式看，便完全不需要任何观念的象征或认识的符号，不需要任何概念作为中介来插入，这也是刘勰所描绘的"形象思维"："神用象通，情变所孕；物以貌求，理以心应"（《文心雕龙·神思》）。这个"理"

便不再是道德的"理"了，它也不再是概念所知，而是"情变所孕"了。就是说，美不再只是道德的象征，而更是情景的交融，不再只是人格情操的概念性的符号所建构的情理结构，而是无任何概念性符号可言，直接诉之于情感自身、充满自由想象的情理结构了。它不再局限在松、梅、竹、菊、老虎、苍鹰等少数固定的情感符号上，而是充耳所闻，触目所见，都可以成为自由想象的情感形式。在"比德"，情感必须通过概念性的认识中介来注入；在"意境"，情感与对象不再需要明确认识的中介。前者所塑造的情理结构，更富于理知、伦理因素的外在突出；后者所塑造的情理结构，使理知完全溶解在情感和想象中而失去独立的性质，成为一种非自觉性或无意识。如果由这里回到本节开头讲的"兴"，并把它作为数千年中国诗歌的传统美学原则来考察，便可以清楚地看到，所谓"比"正是"比德"的残存，它以概念性的认识作为情感与自然事物同构的中介；所谓"兴"则可以演化成情感与自然的直接融合。所以后人一再说，"比显而兴隐"（《文心雕龙·比兴》、孔颖达《毛诗正义》），"文已尽而意有余，兴也"（锺嵘《诗品》），"比意虽切而却浅，兴意虽阔而味长"（《朱子语类》卷80），"凡兴者，所见在此，所得在彼，不可以事类推，不可以义理求"[①]等。"兴"虽并不完全等于移情和意境，但它是向移情方向的运动。尽管统称

---

① 郑樵语。转引自徐复观《中国文学论集》，台北，学生书局，1980，第103页。

"比兴"，实际在文艺创作中，是"兴"多于"比"，而且愈到后来愈如此。到魏晋时代，"依情起兴"，便已变为文艺创作的常规，汉代以"后妃之德"来讲解毛诗成了过去。到唐诗，"兴"作为创造的"情景交融"的"意境"方式，已化为诗人的某种无意识心理而十分成熟了。徐复观说：

> ……"琵琶起舞换新声，总是关心离别情。撩乱边愁听不尽，高高秋月照长城。"上面这首诗，若说高高秋月照长城与"边愁"无关，则何以读来使人有无限寂寞荒寒怅触之感，因而自自然然地把主题中的边愁，推入到无底无边的深远中去呢？若说它与主题的边愁有关，则又在什么方面有关？而这种有关又在表明一种具体的什么呢？这本来就是不可捉摸，也无从追问，而只是由一种醇化后的感情、气氛、情调，把高高秋月照长城的客观事物，与主观的边愁交会在一起；因而把整个的现实都化成了边愁，把整个的边愁，又能化成了山河大地；并即以澄空无际的秋月所照映下的荒寒萧瑟的长城作指点。这种交会，是朦胧而看不出接合的界线的，所以它是主客合一，是通过有限而具体的长城，来流荡着边愁的无限的。此时，"高高秋月照长城"之所以来到诗人的口边笔下，只是一种偶然的傥来之物；他内在的感情，不知不觉的与此客观景象凑拍上了，并不能出之以意匠经营，此之谓神来之笔。这是

一首最标准的绝句，也是同体发展的最高典型……"兴"是把诗从原始的素朴的内容与形式，一直推向高峰的最主要的因素。抹煞了"兴"在诗中的地位，等于抹煞了诗自身的存在；于是对古人作品的欣赏，必然会停顿在理智主义的层次。①

由巫术、神话、宗教的"兴"的源起，到"比德"，再到"意境"，这也可说是由集体意识层（兴的源起）到个体意识层（"比德"）再到个体无意识层（"神来之笔"）的进展。这个个体无意识层所表现出来的心理秩序、情理结构，却又正是久远传统的历史积淀物。它展示出华夏文艺在塑造、建构人性结构上，其理知、情感、想象、感知诸因素相交融组合的民族心理进程和基本特征。

其基本特征之一是，中国文艺在心理上重视想象的真实大于感觉的真实。

在中国文学中，无论是诗歌、小说、散文，丰繁复杂，诉诸知觉感觉的细致描绘并不多见，包括诗歌中最大量最常见的对自然景色的描写，据有人统计，也以比较抽象的"风""月""花""树""山""水""鸟"等词汇为多，究竟是什么树，什么花，什么鸟，何等的风，何时的月，怎样的

---

① 徐复观：《中国文学论集》，第 116—117 页。

山……却写得很少。也就是说，描述模写得很不具体。它远没有古代《楚辞》《诗经》中那么多的芳草恶艾、鸟兽草木之名，也远不及西方诗歌中的众多花草鸟兽。

在绘画中，则是无光影、无明暗、无确定的具体时空，甚至"高处大山之苔，则松耶柏耶，或未可知"（唐志契《绘事微言》）了。

在戏曲中更如此：环境完全虚拟，动作亦系假定。"斯坦尼斯拉夫斯基要求舞台有如缺面墙的房间，要求演戏像实际生活一样逼真。中国戏曲就不一样，例如《三堂会审》中的玉堂春受审，她却跪着向观众交代，这不是荒唐吗？但观众完全可以理解。京剧中的上楼下楼，开门关门，就靠几个虚拟动作来表现，完全不需要真实布景。"[①] 所有这些，都是不重感觉的真实，而重想象的真实，即在想象中有楼、有门，因为手、脚或身体的动作、姿态暗示了它们。这些动作、姿态也是概括性的，甚至是程式化的，也很不具体和真实。这正如前述中国诗、画中，那些山水景物、风花雪月的状态（种类、形状、色彩、大小）并不清晰、具体和明确，但又都与想象的真实完全一样。它完全依靠创作者、观赏者、阅读者的想象来填充来补足。这种补足和填充，主要依赖于现实的人世经验，所想象的仍然是现实的、生活的图景，较少纯然异样

[①] 《李泽厚哲学美学文选》，第430页。

● 云峰远眺图 ［宋］

的虚构组合。这种想象附着的感情也仍然是人世的、现实的感情，较少纯然超世的神秘情思。在这里，"想象的真实"虽然脱离具体的感知，却又仍然是现实生活的感受和人间世事的感情。从而，所谓"情主景从"，便正因为是在这种情感支配下的想象，它们随着时代、环境、个性的不同而各有不同，才赋予那并无确定性的风花雪月以更为个性化的具体感受，从而具有很大的包容性、变易性和普遍性。"问君能有几多愁，恰似一江春水向东流"，这就是一种"想象的真实"，它是相当概括的情感符号，但它随着不同时代不同社会不同个体的人们，注入了多少不同的具体感受！这些，便都是通过想象，以朦胧的、并不太清楚和具体的外界物象、景色来进行创作和欣赏的。"想象的真实"使华夏文艺在创作和接受中可以非常自由地处理时空、因果、事物、现象，即通过虚拟而扩大、缩小、增添、补足，甚至改变时空、因果的本来面目，使它们更自由地脱出逻辑的常见，而将想象着重展示的感性偶然性的方面突现出来。人们常说中国艺术里的时空是情理化的时空，它们也来自这里。

也正因为强调的是想象的真实，它要求把理解、认识和感知融化和从属在想象中，从而它总强调"点到为止""惜墨如金""以少胜多""计白当黑"，以含蓄为贵。任何对象、景物、情节都只起点染启发的作用。但也因为重想象的真实，感知的自由同构、情感的直接抒发便经常居于从属地位，中国艺术讲究"妙在似与不似之间"[1]，仍然有"似"（真实）的一面，而不会是自由感知、完全抽象，即使是书法艺术，也仍然不同于西

---

[1] 齐白石语，见力群编《齐白石研究》，上海，上海人民出版社，1959，第19页。

方现代派，这里除了所抒发的情感本身有所不同外，传统的"想象的真实"在创作心理上也起了重要的制约作用。

　　重"想象的真实"大于"感知的真实"，不是轻视理知的认识因素，恰好相反，正因为理解（认识）在暗中起着基础作用，所以，虚拟才不觉其假，暗示即许可为真。因有理解作底子，想象才可以这样自由而不必依靠知觉。同时，理解（认识）也才不需要直接显露，甚至常常匿而不见，理（知）性因素已经完全融入想象中去了。在这一情理结构中，想象的真实替代了推理和感觉，不仅理知性的主观意识早已不见，一切思考性的痕迹、一切符号性、象征物或种种隐喻明喻都不存在，而且甚至连主观的情感也不见了。因为它已完全融化在"客观"景物之中。所以，它呈现为一种似乎是纯然"客观"的视觉图像，这就是中国诗、画中艳称的所谓"寓情于景""情景交融"和所谓"画中有诗""诗中有画"以及所谓"无我之境"。即是说，它并不去有意说明什么，也不刻意去描绘什么，而"情景一合，自得妙语。撑开说景者，必无景也"（王夫之《明诗评选》卷5）。所以，中国诗词常常像电影画面和电影蒙太奇那样的非常客观（可以纯粹是视觉画面的呈现和组接）又非常主观（画面和组织完全受情感角度的支配）①。归根到底，这种"想象的真实"毕竟是情感力量所造成。陆机说，"课虚无以责有，叩寂寞而求音"（陆机《文赋》）。要在"虚无""寂寞"中凭"想象的真实"生出音乐和画面来，要真正有"诗情画意"，只有那庄子"虚己以应物"的创造直观和纯粹意识还是不够的，它有赖于"情"的渗入。正是深情，使"想象的真实"产生了各种所谓"以我观物"的"有我之境"和"以物观物"的"无我之境"，而不再是认识性的描述和概念性的比附了，这样，就完全突破了儒家"比兴"的旧牢笼，而获有了"意境"创造的广大天地。也正是在魏晋时代，"风骨"成为文艺批评中的重要范畴和尺度②。"骨"在上章已讲过，它有关强劲刚

---

① 参阅拙著《美学论集》。

② 参阅李泽厚、刘纲纪：《中国美学史》第2卷。

健的生命和力量，"风"则显然有关乎交流熏染的感情，所谓"草上之风必偃"（《论语·颜渊》）。"风骨"的要点在"风"（情感），"风"实际是儒家的"气"与庄的"道"、屈的"情"相交融会的结果；其中，屈的深情极为重要，正是它构成了"风"的基本特征。

鲁迅说，古诗十九首"或近楚骚，体式实为独造，诚所谓蓄神奇于温厚，寓感怆于和平，意愈浅愈深，词愈近愈远者也。"（《汉文学史纲要》）距离魏晋不甚遥远的十九首，其中的草木风月等自然景色和人间世事，比起《离骚》和汉赋来，是远为普通、概括和模糊了。然而通过它们所给予人们的审美感受，却反而极其丰富和长久。它确乎是"意愈浅愈深，词愈近愈远"；普通人的情感寓于概括化的景物中，它们并不具体，远非写实，然而通过想象的真实，两千年来却如此长久感人。其实，正因为它摆脱了那概念的固定和感知的真实，才赢得了永恒的生命，而构成心理本体的对应物。艺术所展现并打动人的，便正是人类在历史中所不断积累沉淀下来的这个情感的心理本体，它才是永恒的生命。只要中国人一天存在，他就可能和可以去欣赏、感受、玩味这永恒的生命。因为这生命并不是别的，正是我们历史性的自己。

如果说，上章庄子道家以"人的自然化"和无意识规律补充和扩大了儒家的"自然的人化"和"天人同构"，那么，这里屈骚和魏晋（玄学）则以深情兼智慧的本体感受和想象真实,扩展、推进了儒家的伦常情感和"比德"观念。前者（人的自然化）更多在感知层、形式层，后者（深情兼智慧）更多在情感层、内容层。华夏美学在以儒为主体而又吸收、包容了庄、屈之后，从外、内两个方面极大地丰富了自己，而不再是本始面目了，但它又并未失去其原有精神。这在下一章接纳佛家时，便更明显了。

第五章

形上追求

1. "蓦然回首，那人却在灯火阑珊处"：永恒与妙悟

佛教东来，漫延华土，是中国文化史上的特大事件。以儒学为主的汉文化传统如何与它对待、交接，构成了数百年意识形态的首要课题，激起了各色缤纷的绚烂景色。从艺术到文学，从信仰到思想，或排拒，或吸收，或皈依，或变造，或引庄说佛，或儒佛相争……除了政治经济上的利害论说外，其中心题目之一即在人生境界的追求上。可以说，儒学传统承续着吸取庄、屈、玄这条线索又迈开了新步，特别是从美学史的角度看。

佛教诸宗都传进中国，但经数百年历史的挑选洗汰之后，除净土在下层社会仍有巨大势力外，在整个社会意识形态中，中国自创的顿悟禅宗成为最后和最大的优胜者。"天下名山僧占多"。而禅又在各宗中占了大多数，他们占据了深山幽谷的大自然。但重要的并不是占据山林，修建庙宇，而是如何由下层百姓的信奉而日益占据了知识分子的心灵，使这心灵在

走向大自然中变得更加深沉、超脱和富于形上意味的追求。

佛学禅宗的化出的确加强了中国文化的形上性格。它突破了原来的儒家世界观，不再只是"天行健""生生之谓易"，也突破了原来的道家世界观，不再只是"逍遥游""乘云气，骑日月"，这些都太落迹象，真正的本体是完全超越于这些生长、游仙、动静、有无的。从而，它对传统哲学作了空前的冲击，但又只是"冲击"，而并没扔弃。禅没否定儒道共持的感性世界和人的感性生存，没有否定儒家所重视的现实生活和日常世界。儒家说"道在伦常日用之中"，禅宗讲"担水砍柴，莫非妙道"。尽管各道其道，儒、佛（禅）之道并不相同，但认为可以在现实感性生活中去贯道、载道或悟道，却又是相当一致的。禅把儒、道的超越面提高了一层，而对其内在的实践面，却仍然遵循着中国的传统。所以总起来看，禅仍然是循传统而更新。

禅作为佛门宗派，是仍要出家当和尚的，即脱离现实人伦和世俗生活。这些和尚们的生活、信仰和思想情感，包括他们那些说教谈禅的诗篇，对广大知识分子及其文艺创作并无重大的影响。真正有重大影响和作用的，是佛学禅宗在理论上、思想上、情感上对超越的形上追求，给未出家当和尚的知识分子在心理结构上，从而在他们的文艺创作、审美趣味和人生态度上所带来的精神果实。

本书无法来谈禅说佛。简而言之，禅是不诉诸理知的思索，不诉诸盲目的信仰，不去雄辩地论证色空有无，不去精细地讲求分析认识，不强调枯坐冥思，不宣扬长修苦练，而就在与生活本身保持直接联系的当下即得、四处皆有的现实境遇中"悟道"成佛。现实日常生活是普通的感性，就在这普通的感性中便可以超越，可以妙悟，可以达到永恒——获得那常住不灭的佛性。从而，"既然不需要日常的思维逻辑，又不要遵循共同的规范，禅宗的'悟道'便经常成为一种完全独特的个体感受和直观体会。"[1]"只有在既非刻意追求，又非不追求；既非有意识，又非无意识；既非泯灭思虑，又非念念不忘；即所谓'在不住中又常住'和无所谓'住不住'中以获得'忽然省悟'。"[2]

这对美学，例如对艺术创作来说，不正是很熟悉、很贴切和很合乎实际的么？艺术不是逻辑思维，审美不同于理知认识：它们都建筑在个体的直观领悟之上，既非完全有意识，又非纯粹无意识。禅接着庄、玄，通过哲学宣讲了种种最高境界或层次，其实倒正是美学的普遍规律。在这里，禅承续了道家。道家讲"无法而法，是为至法"。无法之法犹有法；禅则毫无定法，纯粹是不可传授不可讲求的个体感性的"一味妙悟"，正是"众里寻他千百度，蓦然回首，那人却在灯火阑珊处"。"妙""悟"两字早屡见于六朝文献，曾是当时玄学、

---

① 拙作《中国古代思想史论》，第 204 页。
② 同上书，第 207 页。

佛家的常用词汇，不但佛家支道林、僧肇、宗炳讲，而且阮籍、顾恺之、谢灵运等人也讲，他们都在追求通过某种特殊方式来启发、领略、把握那超社会、时代、生死、变易的最高本体或真理。这到禅，便发展到了极致。

我曾认为，禅的秘密之一在于"对时间的某种顿时的神秘的领悟，即所谓'永恒的瞬刻，或'瞬刻即可永恒'这一直觉感受"。[①]"在某种特定的条件、情况、境地下，你突然感觉到在这一瞬刻间似乎超越了一切时空、因果，过去、未来、现在似乎融在一起，不可分辨，也不去分辨，不再知道自己身心在何处（时空）和何所由来（因果）。……这当然也就超越了一切物我人己界限，与对象世界（例如与自然界）完全合为一体，凝成永恒的存在。"[②]"禅宗非常喜欢……与大自然打交道。它所追求的那种淡远心境和瞬刻永恒，经常假借大自然来使人感受或领悟。"[③]"禅之所以多半在大自然的观赏中来获得对所谓宇宙目的性从而似乎是对神的了悟，也正在于自然界事物本身是无目的性的。花开水流，鸟飞叶落，它们本身都是无意识、无目的、无思虑、无计划的。也就是说，是'无心'的。但就在这'无心'中，在这无目的性中，却似

---

① 拙作《中国古代思想史论》，第 207 页。
② 同上书，第 207—208 页。
③ 同上书，第 210 页。

● 溪山渔隐 ［明］唐寅

乎可以窥见那个使这一切所以然的'大心'、大目的性——而这就是'神'。并且只有在这'无心'、无目的性中，才可能感受到它。一切有心、有目的、有意识、有计划的事物、作为、思念，比起它来，就毫不足道，只妨碍它的展露。不是说经说得顽石也点头，而是在未说之前，顽石即已点头了。就是说，并不待人为，自然已是佛性。……在禅宗公案中，用以比喻、暗示、寓意的种种自然事物及其情感内蕴，就并非都是枯冷、衰颓、寂灭的东西，相反，经常倒是花开草长，鸢飞鱼跃，活泼而富有生命的对象，它所诉诸人们感受的似乎是：你看那大自然！生命之树常青啊，不要去干扰破坏它！"①

那么，具体呈现在美学—艺术里，禅是如何实现这种境

---

① 拙作《中国古代思想史论》，第212—213页。

界的呢？

既然追求和所达到的是"瞬刻永恒"，这个"永恒"又是那个常住不灭的本体佛性。在这里，时间停止了。"佛性本清净"，于是佛教总是要通过贬低、排斥、否定变动的、纷乱的、五光十色的现象世界，才能接受和达到它。为什么要静坐，为什么要破法执我执，都是为了去掉这种现象世界的运动不居的"假象"，去接近和达到那佛性本体。禅宗于此也无例外。但由于禅宗强调感性即超越，瞬刻可永恒，因之更着重就在这个动的普通现象中去领悟、去达到那永恒不动的静的本体，从而飞跃地进入佛我同一、物己双忘、宇宙与心灵融合一体的那异常奇妙、美丽、愉快、神秘的精神境界。这，也就是所谓"禅意"。但"禅客最忙，念念是道"，反而得不了"道"；而在大量的日常生活的偶然中，却可以随时启悟而接触"道"。这个通由"妙悟"得到的"道"，常常只能顷刻抓住，难以久存；所以，它并非僧人的生活或教义本身，毋宁更是某种高层次的心灵意境或人生境界。这也是有禅味的诗胜过许多禅诗的原因所在。它"非关书也""非关理也""一味妙悟而已"。"悟"是某种无意识的突然释放和升华。无意识在第三章已讲过，这里的重点是在其突然释放和升华，即顿悟，即"蓦然回首，那人却在灯火阑珊处"。它非常普通，非常平凡，非常自然，却又因参透本体而那么韵味深长，盎然禅意。王渔洋曾说王维的"辋川绝句，字字入禅"。你看：

木末芙蓉花，山中发红萼；涧户寂无人，纷纷开且落。

人闲桂花落，夜静春山空；月出惊山鸟，时鸣春涧中。

空山不见人，但闻人语响；返景入深林，复照青苔上。

……

一切都是动的。非常平凡，非常写实，非常自然，但它所传达出来的意味，却是永恒的静，本体的静。在这里，动

松谷问道图〔宋〕

乃静，实却虚，色即空。而且，也无所谓动静、虚实、色空，本体是超越它们的。在本体中，它们都合为一体，而不可分割了。这便是在"动"中得到的"静"，在实景中得到的虚境，在纷繁现象中获得的本体，在瞬刻的直感领域中获得的永恒。自然是多么美啊，它似乎与人世毫不相干，花开花落，鸟鸣春涧，然而就在这对自然的片刻顿悟中，你却感到了那不朽者的存在。日本有所谓从青蛙跳水声中得禅悟，不也正是这种动中静，在宇宙的不断运转流变中深悟本体的虚无么？在一片寂静中，扑通一声，青蛙跳水，声音是那样的轻微清越，像轻风突然使水面起了小小的漪涟，它显示着、证实着这世界的存在、生命的存在，然而这存在和生命又多么寂寞、空无、凄清啊！于是它启示你更感觉只有那超动静的本体才是不朽的。运动着的时空景象都似乎只是为了呈现那不朽者——凝冻着的永恒。那不朽、那永恒似乎就在这自然风景之中，然而似乎又在这自然风景之外。它既凝冻在这变动不居的外在景象中，又超越了这外在景物，而成为某种奇妙感受、某种愉悦心情、某种人生境界。苏轼说王维的诗是"诗中有画"，王维的画是"画中有诗"。前者正是这种凝冻，即所谓"凝神于景""心入于境"，心灵与自然合为一体，在自然中得到了停歇，心似乎消失了，只有大自然的纷烂美丽，景色如画。后者则是这种超越，即所谓"超然心悟""象外之象"，纷繁流走的自然景色展示的，却是永恒不朽的本体存在，即那充满着情感又似乎没有任何情感的本体的诗。而这，也就是"无心""无念"而与自然合一的"禅意"。如果剥去这"禅意"的宗教信仰因素，它实质上不正是非理知思辨非狂热信仰的审美观照，即我称之为"悦神"层次[1]的美感愉快么？它是感性的，并停留、徘徊在感性之中，然而同时却又超越了感性。将来或许可以从心理学对它作出科学的分析说明；现在从哲学说，它便正是由于感性的超升和理性向感性的深沉积淀所造成的对人生哲理的直接感受。这是一种本体的感性。可见，禅的出现使中国人的心理结构获得了另一次的丰富。这一丰富的特色即在，由于"妙悟"的参与，使内心的情理结构有了另一次的动荡和增添：非概念的理解—直觉式的智慧因素压倒了想象、感知而与情感、意向紧相融合，构成它们的引导。

除动中静外，禅的"妙悟"的另一常见形态是对人生、生活、机遇的偶然性的深沉点发。就在这偶然性的点发中，在这飘忽即逝不可再得中去发现、去领悟、去寻觅、去感叹那人生的究竟和存在（生活、生命）的意义。

人生到处知何似，应似飞鸿踏雪泥。泥上偶然留指爪，鸿飞那复计东西……（苏轼诗）

---

[1] 《李泽厚哲学美学文选·审美谈》。

……多情应笑我，早生华发。人间如梦，一樽还酹江月。

（苏轼词）

"人间如梦"，是早就有的感慨，但它在苏轼这里所取得的，却是更深一层的对人生目的和宇宙存在的怀疑与叹喟。它已不是去追求人的个体的长生、飞升（求仙）、不朽，而是去寻问这整个存在本身究竟是什么？有什么意义？有什么目的？它要求超越的是这整个存在本身，超越这个人生、世界、宇宙……从它们中脱身出来，以参透这个谜。所以，它已不仅是庄，而且是禅。不只是追求树立某种伦理的（儒家）或超越的（道家）理想人格，而是寻求某种达到永恒本体的心灵道路。这条道路，是通由"妙悟"，并且也只有通由"妙悟"，去得到永恒。这正是禅的特色。这不又是一种全新的角度，不又是对儒、道、屈的华夏传统的另一次丰富和展开么？

那么，禅与儒、道、屈到底有什么同异呢？

与儒家的同异，似乎比较清楚。儒强调人际关系，重视静中之动，强调动。如《易传》的"生生不息""天行健"等。从而，儒家以雄强刚健为美，它以气胜。无论是孟子，是韩愈，不仅在文艺理论上，而且在艺术风格上，都充分体现这一点。即使是杜甫，沉郁雄浑中的气势凛然，也仍然是其风格特色。像那著名的"前不见古人，后不见来者，念天地之悠悠，独怆然而涕下"（陈子昂），虽也涉及宇宙、历史、人生和存在意义，但它仍然是儒家的襟怀和感伤，而不是禅或道。这种区分是比较明显的。

与道（庄）的同异，比较难作清晰区分。"人们常把庄与禅密切联系起来，认为禅即庄。确乎两者有许多相通、相似以至相同处，如破对待、空物我、泯主客、齐死生、反认知、重解悟、亲自然、寻超脱等，特别是艺术领域中，庄、禅更常常浑然一体，难以区分。"……

"但二者又仍然有差别。……庄所树立、夸扬的某种理想人格，即能作'逍遥游'的'至人''真人''神人'，禅所强调的却是某种具有神秘经验性质的心灵体验。庄子实质上仍执着于生死，禅则以参透生死关自许，于生死真正无所住心。

所以前者（庄）重生，也不认世界为虚幻，只认为不要为种种有限的具体现实事物所束缚，必须超越它们，因之要求把个体提到与宇宙并生的人格高度，它在审美表现上，经常以辽阔胜，以拙大胜。后者（禅）视世界、物我均虚幻，包括整个宇宙以及这种'真人''至人'等理想人格也如同'干屎橛'一样，毫无价值。真实的存在只在于心灵的顿悟觉感中。它不重生，亦不轻生。世界的任何事物对它既有意义，也无意义，过而不留，都可以无所谓，所以根本不必去强求什么超越，因为所谓超越本身也是荒谬的，无意义的。从而，它追求的便不是什么理想人格，而只是某种彻悟心境。庄子那里虽也有这种'无所谓'的人生态度，但禅由于有瞬刻永恒感作为'悟解'的基础，便使这种人生态度、心灵境界、这种与宇宙合一的精神体验，比庄子更深刻也更突出。在审美表现上，禅以韵味胜，以精巧胜。"①

所以，"乘云气，骑日月，而游于四海之外"（《庄子·齐物论》）便是道，而非禅。"空山无人，花开水流"（苏轼）便是禅，而非道。因为后者尽管描写的是色（自然），指向的却是空（那虚无的本体）；前者即使描写的是空，指向的仍是实（人格的本体）。"行到水穷处，坐看云起时"（王维），是禅而非道；尽管它似乎很接近道。"平畴交远风，良苗亦怀新"；"采

① 拙作《中国古代思想史论》，第213—214页。

菊东篱下，悠然见南山"（陶潜），却是道而非禅，尽管似乎也有禅意。如果用王维、苏轼的诗和陶潜的诗进一步相比较，似乎便可看到这种差异。尽管陶诗在宋代特别为苏轼捧出来，与王、苏也确有近似，但如仔细品味分辨，则陶诗虽平淡却阔大的人格气韵与王、苏的精巧聪明的心灵妙境，是仍有所不同的。这也正是道与禅的相似和相关处。从而就更不用说李白（道）与他们的差异了。陶、李均基本属道，但一平宁静远，一高华飘逸。徐复观曾以"主客合一"与"主客凑泊"来区别二者。① 其实它们是庄的两面。王、苏也有大体类似的差异；

---

① 徐复观：《中国文学论集》，第 125 页。

● 长夏江寺图 ［宋］李唐

王近于陶，苏近于李。如以大体相近的客观景物为例，"星垂平野阔，月涌大江流"（杜甫）、"山随平野尽，江入大荒流"（李白）、"水流天地处，山色有无中"（王维），便也略可见出儒、道、禅的不同风味：儒的入世积极，道的洒脱阔大，禅的妙悟自得。胡应麟曾以李、杜这两联相比，认为杜"骨力过之"。所谓"骨力过之"，可说是指杜更显思想、人为和力量，如"垂""涌"二字。李随意描来，颇为自然。而王维一联与它们相比，便更淡远。 但李、王却缺乏杜那种令人感发兴起、刚毅厚重的积极性格。熊秉明论书法艺术引刘熙载《艺概》认为，张旭与怀素书法之差异，在于"张长史书悲喜双用，怀素书悲喜双遣"，并以"笔触细瘦""无重无轻""运笔迅速""旋出旋灭"

等特点以说明后者。①这其实也正是道（张旭）与禅（怀素）的不同。陈振濂指出黄山谷书法的机锋迅速，浓烈的见性成佛，"以纵代敛，以散寓整，以觑带平，以锐兼钝……是儒雅的晋人和敦厚的唐人所不屑为，也不敢为"②，并引笪重光语，"涪翁精于禅悦，发为笔墨，如散僧入圣，无裘马轻肥气"，用以指明禅的顿悟、透彻、泼辣、锋利等特色。可见，禅作为哲学—美学的特色已经深深地渗入各门文艺创作和欣赏趣味之中了。当然，上述所有这些，都只具有非常相对的意义，千万不可执着和拘泥，特别是在文艺评论和审美品位上，划一个非此即彼的概念分类是很愚蠢的。前章已说，陶（潜）李（白）是身合儒、道；在这里，王维、苏轼，便可说是身属儒家而心兼禅、道。儒、道、禅在这里已难截然划开了。

与屈相比，禅更淡泊宁静。屈那种强烈执着的情感操守，那种火一般的爱憎态度，那对生死的执着选择，在禅中，是早已看不见了。存留着屈骚传统的玄学时代的士大夫和文艺家们的纵情伤感，那种"木犹如此，人何以堪"，对生的眷恋和死的恐惧，在这里也完全消失了。无论是政治斗争的激情怨愤，或者是人生感伤的情怀意绪，在禅悦里都被沉埋起来：既然要超脱尘世，又怎能容许感伤泛滥、激情满怀呢？

---

① 熊秉明：《中国书法的理论体系》，香港，商务印书馆，1984.
② 《文史知识》1985 年第 12 期。

然而，如果文艺真正没有情感，又如何能成其为文艺？所以，有人说得好，"禅而无禅便是诗，诗而无诗禅俨然"[1]，"以禅作诗，即落道理，不独非诗，并非禅矣。"[2] 这也就是我说的，"好些禅诗偈颂由于着意要用某种类比来表达意蕴，常常陷入概念化，实际就变成了论理诗、宣讲诗、说教诗，……具有禅味的诗实际上比许多禅诗更真正接近于禅。……由于它们通过审美形式把某种宁静淡远的情感、意绪、心境引向去融合、触及或领悟宇宙目的、时间意义、永恒之谜……"[3] 所以，很有意思的是，以禅喻诗的严羽，一开头便教人"先须熟读《楚辞》，朝夕讽咏以为本"（《沧浪诗话》），接着就举《古诗十九首》。《楚辞》不正是以情胜么？《古诗十九首》的特色不也在充满深情么？可见，在文艺的领域，禅仍然承继了庄、屈，承继了庄的格，屈的情。庄对大自然盎然生命的顶礼膜拜，屈对生死情操的执着探寻，都被承继下来。只是在这里，禅又加上了自己的"悟"（瞬刻永恒感），三者糅合融化在一起，使"格"与"情"成了对神秘的永恒本体的追求指向，在各种动荡运动中来达到那本体的静，从而"格"

---

[1]　明普荷诗"云南丛书"《滇诗拾遗》卷5。转引自杜松柏：《禅学与唐宋诗学》，台北，黎明文化事业公司，1978，第369页。下句解说与杜说不同。借用原诗，予以新解而已。

[2]　贺贻孙语。转引自《中国美学史资料选编》下册，第298页。

[3]　《中国古代思想史论》，第211—212页。

与"情"变得似乎更缥缈、聪明、平和而淡泊,变成了一种
耐人长久咀嚼的"韵味"。这就是说,当把理想人格和炽烈情
感放在人生之谜、宇宙目的这样的智慧之光的照耀下,它们
本身虽融化,又并不消失,而且以所谓"冲淡"的"有意味
的形式"呈现在这里了。这个"智慧之光",便不复是魏晋贵
族们那种辩才不碍的雅致高谈、玄心洞见,也不再是那风流
洒脱的姿容状貌、伤感情怀,在那里,智慧与深情仍有某种
勉力造作的痕迹,这里却完全在瞬间的妙悟中,融成一体了。

　　所以,充满禅意的作品,即以上述的王维、苏轼的诗来
说,比起庄、屈来,便更具有一种充满机巧的智慧美。它们
以似乎顿时参悟某种奥秘,而启迪人心,并且是在普通人和

普通的景物、境遇的直感中，为非常一般的风花雪月所提供、所启悟。之所以一再说是"妙悟"，乃因为它既非视听言语所得，又不在视听言语之外；风景（包括文艺中的风景）不仍然需要视、听、想象去感知去接受，诗文不也是需要语言或言语去表现去传达的吗？但感知、接受、表现、传达的，又决不只是风景和言语（意义）而已。"纷纷开且落"，是在有限的时间中的，却启悟你指向超时间的永恒；"鸿飞那复计东西"，是在有限空间中的，然而却启悟你指向那超越的存在。

……

> 古今如梦，何曾梦觉？但有旧欢新怨。异日对南楼夜景，为余浩叹。（苏轼词）

> 世路无穷，劳生有限，似此区区长鲜欢。策吟罢，凭征鞍无语，往事千端……（苏轼词）

人似乎永远陷溺在这无休止的、可怜可叹的生命的盲目运转中而无法超拔，有什么办法呢？人事实上脱不了这个"轮回"之苦。生活尽管无聊，人还得生活，又还得有一大批"旧欢新怨"，这就是感性现实的人生。但人却总希望能够超越这一切。从而，如我前面所说，苏轼所感叹的"人间如梦""人生若旅"，便已不同于魏晋或《古诗十九首》中那种人生短暂、盛年不再的悲哀，这不是个人的生命长短问题，而是整

个人生意义问题。从而，这里的情感不是激昂、热烈的，而毋宁是理智而醒悟、平静而深刻的。现代日本画家东山魁夷的著名散文《一片树叶》中说："无论何时，偶遇美景只会有一次……如果樱花常开，我们的生命常在，那么两相邂逅就不会动人情怀了。花用自己的凋落闪现出生的光辉，花是美的，人类在心灵的深处珍惜自己的生命，也热爱自己的生命。人和花的生存，在世界上都是短暂的，可他们萍水相逢了，不知不觉中我们会感到一种欣喜。"[①] 但这种欣喜又是充满了惆怅和惋惜的。"日

---

① 见《散文》杂志，天津，百花文艺出版社，1985 年第 10 期。

午画舫桥下过，衣香人影太匆匆"。这本无关禅意，但人生偶遇，转瞬即逝，同样多么令人惆怅。这可以是屈加禅，但更倾向于禅。这种惆怅的偶然，在今日的日常生活中不还大量存在么？路遇一位漂亮姑娘，连招呼的机会也没有，便永远随人流而去。这比起"茜纱窗下，我本无缘；黄土垄中，卿何薄命"，应该说是更加孤独和凄凉。所以宝玉不必去勉强参禅，生命本身就是这样。生活、人生、机缘、际遇，本都是这样无情、短促、偶然和有限，或稍纵即逝，或失之交臂；当人回顾时，却已成为永远的遗憾……不正是从这里，使人更深刻地感受永恒本体之谜么？它给你的启悟不正是人生的目的（无目的）、存在的意义（无意义）么？它可以引起的，不正是惆怅、惋惜、思索和无可奈何么？

人沉沦在日常生活中，奔走忙碌于衣食住行、名位利禄，早已把这一切丢失遗忘，已经失去那敏锐的感受能力，很难得去发现和领略这无目的性的永恒本体了。也许，只在吟诗、读画、听音乐的片刻中；也许，只在观赏大自然的俄顷中，能获得"蓦然回首，那人却在灯火阑珊处"的妙悟境界？

中国传统的心理本体随着禅的加入而更深沉了。禅使儒、道、屈的人际——生命——情感更加哲理化了。既然"人生不相见，动如参与商；今夕复何夕，共此灯烛光"（杜甫诗），那么，就请珍惜这片刻的欢娱吧，珍惜这短暂却可永恒的人间情爱吧！如果说，西方因基督教的背景使虽无目的却仍有目的性，即它指向和归依于人格神的上帝；那么，在这里，无目的性自身便似乎即是目的，即它只在丰富这人类心理的情感本体，也就是说，心理情感本体即是目的。它就是那最后的实在。

这，不正是把人性自觉的儒家仁学传统的高一级的形而上学化么？它不用宇宙论，不必"天人同构"，甚至也不必"逍遥游"，就在这"蓦然回首"中接近本体而永恒不朽了。

永恒是无时间的存在，它曾经是 Parmenides（巴门尼德）的不动的一，是《易经》的流变，是庄周的"至人"，在这里，却只是如此平凡却又如此神妙的"蓦然回首"。禅宗通过棒喝、机锋、公案，以"反常合道"的方式，来指点、启发而不是言说、传授这个超时间的形上本体。

但任何自然和人事又都有时间的存在，所谓无时间、超时间或宇宙（时空）之前、之外，都只有诗和哲学的意义。这里也是如此。禅正是诗的哲学或哲学的诗，它不关涉真正的自然、人世，而只建设心理的主体。

这就是禅在美学中的意义。

2. "脱有形似，握手已违"：韵味与冲淡

既然所追求的不是气势磅礴（儒）或逍遥九天（庄）的雄伟人格，也不是凄楚执着或怨愤呼号的炽烈情感（屈），而是某种精灵透妙的心境意绪，于是境界、韵味，便日益成了后期古代中国美学的重要范畴和特色。这也是通过禅的产生而实现的。

人生态度经历了禅悟变成了自然景色，自然景色所指向的是心灵的境界，这是"自然的人化"（儒）和"人的自然化"（庄）的进一步展开，它已不是人际（儒），不是人格（庄），不是情感（屈），而只是心境。像司空图漂亮地描写的那些"诗品"，便是这样：

> 月出东斗，好风相从；太华夜碧，人闻清钟。（高古）
> 白云初晴，幽鸟相逐……落花无言，人淡如菊。（典雅）
> 俯拾即是，不取诸邻；与道俱往，着手成春。（自然）……

　　这是批评的诗，是描绘诗境的诗，也是描绘人生——心灵境界的诗，是充满了禅机妙悟的诗。这是审美意境，同时也是人生境界，更是心灵妙悟。而它们所展现，所留下的，即是那悠长的韵味。

　　无怪乎《沧浪诗话》作为后期中国美学的标准典籍，其最著名的便是"镜花水月"的理论了：

　　　　……羚羊挂角，无迹可求，故其妙处，透彻玲珑，不可凑泊。如空中之音，相中之色，水中之月，镜中之像，言有尽而意无穷……

　　"镜花水月"是空幻，却空幻得那么美，那么富有境界和韵味，使人难忘。它是美的空幻和空幻的美。空幻成为美，说明它不诉诸认识，更不诉诸伦理，而只是一种对本体的妙

悟感受。这空幻又不是思辨的虚无，而仍然具有活泼的生命，尽管是"镜中花""水中月"，却毕竟仍有"花"、有"月"。"镜花水月"作为文艺创作的一般规律（无意识、形象大于思想、形象思维等），已有许多文章讲过了；关于它与禅的关系，也有好些人说了，如：

> 从这点讲，王士祯神韵之说最合沧浪意旨。王氏谓："沧浪以禅喻诗，余深契其说，而五言尤为近之。如王维辋川绝句，字字入禅。他如'雨中山梁落，灯下草虫鸣'，'明月松间照，清泉石上流'，以及太白'却下水精帘，玲珑望秋月'，常建'松际露微月，清光犹为君'，浩然'樵子暗相失，草虫不可闻'，刘脊虚'时有落花至，远随流水香'，妙谛微言，与世尊拈花，迦叶微笑，等无差别，通其解，可语上乘。"（《带经堂诗话》卷3）这就把禅与悟混合着讲。

悟中带禅,则似隐如显,不可凑泊;禅中有悟,则不即不离,无迹可求。[1]

但是,严沧浪、王渔洋所追求的诗的这种理想以及所谓"妙悟"和"镜花水月"的禅境诗意,其审美特点究竟何在,却始终讲得并不明确。其实,简单说来,它的特点就在一个字:淡。

淡,或冲淡,或淡远,是后期中国诗画等各文艺领域所经常追求的最高艺术境界和审美理想。《美的历程》曾指出:"正如司空图《诗品》中虽首列'雄浑',其客观趋向却更倾心于'冲淡''含蓄'之类一样,……是当时整个时代的文艺思潮的反映。……《画论》中把'逸品'置于'神品'之上,大捧陶潜,理论上的讲神、趣、韵、味代替道、气、理、法,无不体现这一点。"

梅圣俞诗:"作诗无古今,唯造平淡难。"[2]苏东坡说:"大凡为文,当使气象峥嵘,五色绚烂;渐老渐熟,乃造平淡。"[3]甚至理学大家朱熹在审美趣味上也如此,他说:"晋宋间诗多闲淡,杜工部等诗常忙了。"(《朱子语类》卷140)司空图《诗品》

---

① 郭绍虞:《沧浪诗话校释》,北京,人民文学出版社,1960,第20页。
② 《梅尧臣集编年校注》,上海,上海古籍出版社,1980,下册,第846页。
③ 《中国美学史资料选编》下册,第34页。

虽然把"神出古异，淡不可收"只放在"清奇"品中，把"远引若至，临之已非"只放在"超诣"品中，其实，在其他品中也大都有着"镜花水月"的先声，如"情性所至，妙不自寻，遇之自天，泠然希音"（司空图《诗品·实境》），"遇之匪深，即之愈希；脱有形似，握手已违"（司空图《诗品·冲淡》）等，不也就是"镜花水月"：看得见，摸不着么？而它们，不就正是组成"冲淡"风格的具体形象特征么？这里的"淡"，既是无味，却又极其有味，即所谓"无味之味，是为至味"。有意思的是，这个充满禅意的审美标准却又是早已有之的传统说法。连后汉刘邵《司空物志》在品评人物时也曾认为："凡人质量，中和最贵矣。中和之质，必平淡无味，故能调成五材，变化应节。"（刘邵《人物志·九征第一》）这是讲政治的。从哲学讲，魏晋玄学以"无"为本，更是人所熟知，无论政治、哲学或美学，所谓"以无味和五味"，是同一原理，它本由儒家"中和""中庸"传衍而来，但只有到禅宗，才把它提到空前的本体高度，强调它乃人生——艺术的最高境界，从而才可能在感性世界中造成韵味无穷的审美效果。A. H. Maslow（亚伯拉罕·马斯洛）曾认为，在某种高峰体验（Peak Experience）中，人与世界相同一而无特定的情感。禅所追求的正是这种"无特定情感"的最高体验，亦即"淡"的韵味。

自此之后，所谓"韵"或"韵味"便压倒了以前"气势""风骨""道""神""格"等，成为更突出的美学范畴。王渔洋的"神

韵说"，便是它的最后成果。这里的"韵"也不再是魏晋时代的"气韵""神韵"，而是脱开了那种刚健、高超、洒脱、优雅，成为一种平平常常、不离世俗却又有空幻深意的韵味，这也就是冲淡。冲淡的韵味，正是通过这"镜花水月"式的空幻的美的许多具体形态，展现在艺术中的。它们大都是，有选择地描绘非常一般的自然景色来托出人生—心灵境界的虚无空幻，而使人玩味无穷，深深感慨。它的特色是如前面所说的动中静，实中虚，有中无，色中空。只有这样，才能有禅意和冲淡。

僧家竟何事，扫地与焚香。清馨度山翠，闲云来竹房。身心尘外远，岁月坐中忘。向晚禅房掩，无人空夕阳。（唐代崔侗诗）

这是一幅异常普通而相当写实的寺院和尚的生活图画。但通过结尾两句所透露出来的，却是某种淡远而恒久的韵味。"无人空夕阳"，多么孤独、宁静、惆怅和无可言说。一切都没有了，只有淡淡的夕阳在照着。难道这就是"在"么？中国后期诗画中，常常讲"无意为佳"，它不仅是指创作中的无意识状态和无意识规律（见第三章），而且也是指这种摆脱了一切思考、意向、情感、心绪的审美境界。它不也就是这个禅意的世界么？它真正领悟了那本体真如了吗？它就是那永恒之谜吗？不知道。但诗人艺术家们总是要去追求它的踪迹。"亭下不逢人，夕阳淡秋影"，是倪云林的诗情，也是他的画境。这里即是"冲淡"：在极其普通、简单的萧瑟秋景中，你似乎可以去接近、去"妙悟"那永恒的本体。但若要真正去把握领会它时，它却不见踪迹，"握手已违"了。这就是为什么倪云林的画所描写的对象总是最普通的茅亭竹树，却与前述王维、苏轼的诗一样，具有非常感人的艺术效果。

倪云林的地位在后世越来越高。与诗文中以"淡"为特色和标准一样，在山水画中也是愈来愈以"平远者冲淡""险危易好平远难"为最高标准了。"高远""深远"的多重层次的巨幅山水向这种或寒林萧瑟或旷荡迷冥的"平远"转移。从而"以白当黑","小中见大","无画处皆成妙处",以及讲究水墨韵味、干笔勾勒等,便成为中国后期绘画理论中不断涌现而终于成为常规的普遍法则。它们实际上都与此有关。

柳宗元有首著名的诗:"渔翁夜傍西岩宿,晓汲清湘燃楚竹,烟消日出不见人,欸乃一声山水绿。回看天际下中流,岩上无心云相逐。"苏轼说:"熟味此诗有奇趣,其末两句虽不必,亦可也。"(宋释惠洪《冷斋夜话》引)

到底最后两句要好呢,还是不要好?哪样味道更足呢?

从截然斩绝的禅机锋利说,从"浓烈的见性成佛"的顿悟棒喝说,似乎以不要为好。去掉后两句,意在言外,截然刹住,符合禅境。苏轼也许就是从这角度看的。但是,如果从上述最高境地的"淡"的韵味说,则似仍以不删为佳。因为柳的末两句远非蛇足,"回看天际下中流,岩上无心云相逐",有这两句更加韵味悠悠,盎然不尽,真是个"心灭境无侵",它直指那个"无心"的本体世界,它更加冲淡、平远和意味无穷。柳宗元不是不会作"禅机激烈"的诗文,像同样著名的"千山鸟飞绝,万径人踪灭,孤舟蓑笠翁,独钓寒江雪",便是"人境俱夺",说得斩绝的。

又一则评论说:"余观东坡和梵天僧守诠小诗,所谓'但闻烟外钟,不见烟中寺。幽人行未已,草露湿芒屦。惟应山头月，夜夜照来去。'未尝不喜其清绝过人远甚。晚游钱塘，始得诠诗云'落日寒蝉鸣，独归林下寺，柴扉夜未掩，片月随行屦，惟闻犬吠声，更入青萝去。'乃知其幽深清远，自有林下一种风流，东坡老人虽欲回三峡倒流之澜，与溪壑争流，终不近也。"（《竹坡诗话》）这个故事几乎与删柳诗同一机杼，即原（惠诠）诗更从容不迫，随遇而安，东坡却过于人为，执意追求，未必自然，反失禅意了。这是否说明这位坡老仍然更多地保留着儒学精神，虽参禅却"悟而未悟"呢？但恰恰是这个"悟而未悟"的东坡真正代表着吸收了佛学、禅意后的华夏美学。

3. "起舞弄清影，何似在人间"：回到儒道

　　曾国藩以"太阳""少阳""太阴""少阴"来作为古文的四象分类。如果借用到这里，姑妄言之，则似乎可说，儒以刚健为美，其中含柔，属"太阳"；道则以柔为体，其中有刚，属"太阴"；屈乃柔中之刚，属"少阳"；禅则貌刚实柔，属"少阴"。这个"少阴"与儒家雄健刚强的美学传统，的确已拉开了距离。禅本来已经是华夏民族的文化心理结构对印度佛学的改造和创作，但出家做和尚，即使是禅宗，也仍然不是华人所特别喜爱的事情；反映到意识文化领域，亦然。所以，如前所指出，儒道两家的重生命、重人际的精神，又不断以这种那种方式和形态重新渗入禅意追求的文艺里。正是："嫦娥应悔偷灵药，碧海青天夜夜心"，还是回到人间，回到肯定而不是否定生命中来吧。即使如淡远之至的倪云林，不也仍有"兰生幽谷中，倒影还自照，无人作妍暖，春风发微笑"的生意盎然的诗句么？

如第三章所已指出，从一开头，像最早的画论作者之一的和尚宗炳，在讲了"圣人（佛）含道映物"之后，紧接着便谈"眷恋庐衡，契阔荆巫"等，即依恋、怀想山水，才有山水画的创作要求。足见，宗炳作为佛家，尽管在哲学理论上大讲"澄怀味象"，"山水以形媚道"，但实际的心灵重点，却在游于山水之中的精神快乐。这里，佛家的"圣""贤"便与儒学和庄子的圣人有接近或相通之处了。他不再只是兀兀枯坐，光求戒、定、慧，而还要游山玩水，

● 晴峦萧寺图 ［宋］李成

"称仁智之乐焉"；尽管讲的还是"应会感神，神超理得"，似乎仍在求佛"理"，但实际上却是"余复何为哉？畅神而已。"

（宗炳《画山水序》）而所谓"畅神"，实质上便是一种审美愉快。可见，从一开始，庄子道家甚至孔门儒学在审美领域（玩赏自然风景和山水绘画）早就渗入了先于禅宗的佛门。

从诗看，也如此。有人指出，司空图"诗品以雄浑居首，以流动终篇，其有窥于天地之道矣。"（孙联奎《诗品臆说》）虽然很难同意说司空图《诗品》已是经过严整组织的理论系统，但这里所说以"雄浑"始以"流动"终，倒似乎可以说明它的开篇与归宿是展示了同一特色的：这就是，即使具有禅的特色的诗歌理论，却仍然把"冲淡"摆在第二，而以儒、道（又特别是儒）作为自觉的起始和归宿。它所"窥于天地之道"的，并非禅，而仍然是儒、道。这正像严羽尽管自觉地以禅讲诗，却仍以李、杜为正宗；苏轼尽管参禅，却仍然既旷放豁达（道），更忧国忧时（儒）一样。所以由禅而返归儒、道，又正是中国文化和文艺中的禅的基本特色所在。而这，也大概是中国禅与日本禅的差异所在吧。日本的意识形态和文艺中的禅，倒更是地道了。它那对刹那间感受的捕捉，它那对空寂的追求，它那感伤、凄怆、悲凉、孤独的境地，它那轻生喜灭、以死为美，它那精巧园林，那重奇非偶……总之，它那所谓"物之哀"，都更突出了禅的本质特征。中国传统的禅意却不然，它主要突出的是一种直觉智慧，并最终仍然将此智慧融化和归依到肯定生命（道）或人生（儒）中去。如果从这个角度再对比一下禅与儒、道、屈，则禅强调"境由心设"，于是去建境启悟（如日本园林），道则强调自然，于是不去人为造境，而纯任自然，这样反而如长江大河，气势更为浑一、流动而博大，尽管可能不是那样的精巧、微妙和空灵。禅强调一切空幻、短暂，人生如流浪在外，不知来去何从，从而高扬寂灭；儒、屈则均重人际情感，执着于家园亲友，流连于别情恨赋，具有厚重的人情味和亲密感。禅强调转瞬即逝，不可重复，非言语所能道破，所以完全不要法度，只求顿悟。儒、道、屈均不然，或重法度，或讲究无法之法。总之，传统士大夫文艺中的禅意由于与儒、道、屈的紧密交会，已经不是那么非常纯粹了，它总是空幻中仍水天明媚，寂灭下却生机宛如。具有禅意美的中国文艺，一方面既借自然景色来展现境界的形上超越，另一方面这形上境界的展现又仍然把人引向对现实生活的关怀。这便进一步扩展和丰富了心灵，使人们的情感、理解、想象、感知以及意向、观念得到一种新的组合和变化。

一个关于苏轼的故事说："东坡老人在昌化，尝负大瓢行歌田亩者……馌妇年七十，云：'内翰昔日富贵，一场春梦耳。'坡然之。"[1]苏轼似乎很欣赏和满意于这种评论，在自己的诗作中把这个实际表达了他的看法（人生空幻）的"老妪"叫作"春梦婆"。袁枚曾说东坡少情，大概也是指他由于对人生的彻悟，才没有如屈原那样执着的热情吧？但就是这个已经看

---

① 《侯鲭录》，转引自《苏东坡轶事汇编》，长沙，岳麓书社，1981，第217页。

透一切的苏轼，也仍然唱着："谁道人生无再少，门前流水尚能西！休将白发唱黄鸡"；"酒酣胸胆尚开张，鬓微霜，又何妨"；"休对故人思故国，且将新火试新茶，诗酒趁年华"……仍在强打精神，乐观奋斗。它是向儒、道的回归，而这一回归却又更加托出了人生无意义的悲凉禅意。这种无意义反转来给"人还是要活的"以一种并非消极的参悟作用，使人的心理积淀更丰富而深沉了。

禅宗祖师慧能本来自民间，其僧徒也多下层百姓，但经上层士大夫接受后，宗教性的成佛祈求日渐化为这种审美性的人生参悟。这种从宗教向审美的转换，正是儒、道传统渗入而产生的结果，也表明由禅向儒学的复归。所以《美的历程》要以苏轼作为代表来表明这点：

> 这种整个人生空漠之感，这种对整个存在、宇宙、人生、社会的怀疑、厌倦、无所希冀、无所寄托的深沉喟叹，尽管不是那么非常自觉，却是苏轼最早在文艺领域中把它透露出来的。……也许，只有在佛学禅宗中，勉强寻得一些安慰和解脱吧。正是这种对整体人生的空幻、悔悟、淡漠感，求超脱而未能，欲排遣反戏谑，使苏轼奉儒家而出入佛老，谈世事而颇作玄思；于是，行云流水，初无定质，嬉笑怒骂，皆成文章；这里没有屈原、阮籍的忧愤，没有李白、杜甫的豪诚，不似白居易的明朗，不

似柳宗元的孤峭，当然更不像韩愈那样盛气凌人，不可一世。苏轼在美学上追求的是一种朴质无华、平淡自然的情趣韵味，一种退避社会、厌弃世间的人生理想和生活态度，反对矫揉造作和装饰雕琢，并把这一切提到某种透彻了悟的哲理高度。

如前所说，这哲理不是佛理的思辨，更不是庄周的雄文宏论、重言厄言，而只是某种心灵境地和生活韵味。苏轼不是佛门弟子，也非漆园门徒，他的生活道路、现实态度和人生理想，仍然是标准的儒家。他的代表性正在于，吸收道、禅而不失为儒，在儒的基础上来参禅悟道，讲妙谈玄。也可能因为此，苏轼尽管为极少数恪守正统教义的儒家理学家所不满，但始终是当时和后世广大知识分子所喜爱、所欣赏、所崇拜的天才人物。他的人格、风格使人感到亲切自然，易于接受，他比其他任何人似乎更能从审美上体现出儒家所标榜的"极高明而道中庸"的最高准则。所以，与其说是宋明那些大理学家、哲学家，还不如说是苏轼，更能代表宋元以来的已吸取了佛学禅宗的华夏美学。无论在文艺创作中或人生态度上，无论是对后世的影响上或是在美学地位上，似都如此。

如所周知，宋明那些儒门哲学大家在理论上对文艺一般都采取摒斥的态度，像程颐：

问作文害道否？曰害也。……或问诗可学否？曰既学诗，时须是用功，甚妨事……如今言能诗无如杜甫，如云"穿花蛱蝶深深见，点水蜻蜓款款飞"，如此闲言语，道出做甚？（《二程全书·遗书》卷 19）

像朱熹：

道者，文之根本；文者，道之枝叶（《朱子语类》卷139），才要作文章，便是枝叶，害着学问，反两失也（同上），……作诗费功夫，要何用？……今言诗不必作，且道恐分了为学功夫；然到极处，当自知作诗果无益。（《朱子语类》卷 140）

……

这类的语录是非常之多的。总之，"道"是根本，"诗""文"是枝叶，如果"溺于文章"，就要有害于"道"。他们确乎继承又极端发展了自"礼乐传统"到儒家诗教的重质轻文、重伦常政治轻审美愉悦的正统准则和批评尺度。但是他们也确乎是片面地发展了。在这个方面，关于宋明理学家们是没有多少可以讲述的，他们完全忽视或有意无视审美本身的逻辑、规律及其重要意义。像朱熹这样眼光锐利、趣味高超的哲学家，尽管在文艺鉴赏和审美口味上并不保守，如他对《楚辞》等的研究评论便很有见地，但这一切在他们的哲学理论中并无地位，与他们的哲学体系缺乏有机联系。至于理学家们自己的文艺创作，因为只注意在诗中说道，所以也实在不敢恭维。有意思的是，当代学者钱穆却一反定论，这样称道说：

> 中国人中最讲究人生艺术的要推北宋的邵康节（邵雍）……亦不要做一圣人、做一贤人，亦不讲什么道德，你只要活得安乐，做一安乐人。这是道家言。但这里面有一番大艺术，我有一本理学六家诗钞。所钞的第一家就是邵康节，第二家是朱夫子，下边是陈白沙、王阳明、高景逸、陆桴亭，他们都是有名的理学家，换句话说，都是道学先生。诸位倘有意去读他们的诗，他们的诗中，都在讲人生，每一首诗，你读来，都会觉得情味无穷。所以我要讲中国人讲道德和艺术是一而二、二而一的。①

对此，我是怀疑的。我不欣赏也不相信这些道学先生们的诗有这么好。尽管钱穆《理学六家诗钞》中也确有好诗，但许多诗因为要说教，违反了审美基本规律，便变得论理过多，索然寡味，并不使人"觉得情味无穷"。到底哪种意见哪种感

---

① 钱穆：《从中国历史来看中国民族性及中国文化》，台北，联经出版事业公司，1979，第114—115页。

觉对，读者们可以通过亲自读这些诗，以及用这些诗与那些著名的诗人们的作品相比较，来感受和评判。

那为什么在这里要引用钱穆这段话呢？主要在于我非常同意其开头的半句和最后的一句。我认为，宋明理学继禅宗之后丰富了中国传统哲学，这丰富确乎表现在合道德与艺术于一体的人生境界的提出上，即钱所说的"人生艺术"，亦即合道德与艺术于一体的"一而二，二而一"的人生境界。朱熹说："不必托于言语，著于简册，而后谓之文，但自一身，接于万事，凡其语默动静，人所可得而见者，无所适而非文也"（《朱子大全·文集》卷70）。这就是说，"文"不只是文章诗赋，而是整个人格、整个人生和生活。一切"人可得而见"的"语默动静"，都是文章，都关乎"道""理"。亦是说，"文"不只是文艺，而更是人生的艺术，即审美的生活态度、人生境界的韵味。

冯友兰曾说，禅宗下一转语即到理学（参阅冯友兰《新原道》）。既然"砍柴担水，莫非妙道"，那么，在伦常日用之中，就更可以悟道和得道了。这也就是我在《中国古代思想史论》中所讲的，宋明理学吸取和改造了佛学和禅宗，从心性论的道德追求上，把宗教变为审美，亦即把审美的人生态度（即钱穆上述的"人生艺术"）提升到形上的超越高度，从而使人生境界上升到超伦理超道德的准宗教性的水平，并因之而能替代宗教。从这个意义上说，宋明理学却又正是传统美学的发展者，这发展不表现在文艺的理论、批评和创作中，而表现在心性思索所建造的形上本体上。这个本体不是神，也不是道德，而是"天地境界"，即审美的人生境界。它是儒家"仁学"经过道、屈、禅而发展了的新形态。

拙著《中国古代思想史论》说："在宋明理学中，感性的自然界与理性伦常的本体界不但没有分割，反而彼此渗透，吻合一致了。'天'和'人'在这里都不只具有理性的一面，而且具有情感的一面。程门高足谢良佐用'桃仁''杏仁'（果核喻生长意）来解释'仁'，周敦颐庭前草不除以见天意，被理学家传为佳话。'万物静观皆自得，四时佳兴与人同'；'等闲识得春风面，万紫千红总是春'……"是理学家们的著名诗句。这些都是希求在自然世界的生意、春意中显示、体会、比拟人世的伦常法规，这也就是宋明理学的一个重大特征，同时这又是吸取了庄子、禅宗的某种成果。所以尽管理学家都声称尊奉孔孟，但实际上他们既赋予孔子'吾与点也'以新的形上解释，也超出了孟子的道德人格的主体性，而将它哲学地'圣'化了。宋明理学家经常爱讲'孔颜乐处'，把它看作人生最高境界，其实也就是指这种不怕艰苦而充满生意、属伦理又超伦理、准审美又超审美的目的论的精神境界。康德的目的论是'自然向人生成'，在某种意义上仍可说是客观目的论，主观合目的性只是审美世界；宋明理学则以这种'天人合一''万物同体'的主观目的论来标志人所能达到的超伦理的本体境界，这被看作是人的最高存在。这个本体境界，在外表形式上，确乎与物我两忘而非功利的审美快乐和美学心境是相似和接近的。"①

因此，宋明理学所追求和建构的这个哲学，便不只是道德的形而上学，更不只是几个道德规范。由于"它的动力既然不能像神学家那样归之于上帝，那就只能靠人性的培育。这种能超越生死的道德境界的培育，既不依赖于'对上帝的贡献'或'与神会通'以获得灵魂的超升和迷狂的欢乐，那么就只有在通由与全人类全宇宙的归属依存的某种目的感（天人合一）中吸取和储备力量。'民吾同胞，物吾与焉''仁即天心'，在这种似乎是平凡淡泊的'存吾顺事，殁吾宁也'中，无适无莫，宁静致远；必要时就视死如归，从容就义，甚至不需要悲歌慷慨，不需要神宠狂欢。中国传统是通过审美代替宗教，以建立这种人生最高境界的。正是这个潜在的超道德的审美本体境界，储备了能跨越生死、不计利害的自由选择和道德实现的可能性，这就叫'以美储善'"。②"'慷慨成仁易，从容就义难'，如果说前者是怀有某种激情的宗教式的殉难，固然也极不易；那么后者那种审美式的视死如归，按中国标准，就是更高一层的境界了。'存吾顺事，殁吾宁也'与追求灵魂不灭（精神永恒）不同，这种境界是审美的非宗

① 《中国古代思想史论》，第237—238页。
② 《李泽厚哲学美学文选》，第176页。

教的。"①

这也可说是在吸取了庄、屈、禅之后的儒家哲学和华夏美学的最高峰了。

这里，愿引用台湾张亨教授的一段结论，它与拙意大体不约而同，强调指出了宋明理学家的道德境界即是审美境界。只是我以为作为"与天地上下同流"的审美境界高于道德境界，而张文与钱穆以及现代新儒家相近，着重美善相融、审美与道德的合一。此外，张文认为这是原始儒学（孔孟）本有的人生理想，我却认为，孔孟不过发其端绪（如前论述过的"风沂雨雩"），真正发掘其深远的形上意味，成为日常生活经验中的高明气象或"天理""道体"，却是由宋明理学吸收禅宗之后的解释学产物。

张文如下：

美和善交融的境界不只存在于音乐或其他艺术的审美经验中，同时也是一种理想的人生境界。《论语·先进篇》孔子问弟子之志，曾点回答说："暮春者，春服既成，冠者五六人，童子六七人，浴乎沂，风乎舞雩，咏而归。"这一陈述虽然不过是日常生活中简单的经验，却具体地描绘出一个理想的精神世界来。因为这些活动并不只是单纯

---

① 《李泽厚哲学美学文选》，第 455 页。

现象，而是感染着活动者的心境，呈现出圆满自足的情趣；这是无目的性，又无所关心的满足；同时也是从其他的现实经验中孤立出来，不受干扰的状态。所以这明显的是一种美感经验。这里并没有一般美感经验所面对的客体，甚至自然现象也不是，而是主客的对立早已消失，自我与外物交融为一体的境界。这自然也是一种道德的境界，朱子从这方面作的注解最好了：

"曾点之学，盖有以见夫人欲尽处，天理流行，随处充满，无少欠阙。故其动静之际，从容如此。而其言志，则又不过即其所居之位，乐其日用之常，初无舍己为人之意，而其胸次悠然，直与天地万物，上下同流，各得其所之妙，隐然自见于言外。视三子之规规于事为之末者，其气象不侔矣。故夫子叹息而深许之！"

所谓"人欲尽处，天理流行"，跟美感经验中摒除无关的干扰是类似的。"随处充满，无少欠阙"则是"无关心的满足"状态。"无舍己为人之意"，不"规规于事为之末"也就是说无目的性。"胸次悠然，直与天地万物，上下同流"则呈现物我交融、列为一体的境界。所以这道德经验同时也是美感经验。仁者与天地万物为一体的境界，也就是美的最高境界。[1]

---

[1] 张亨：《论语论诗》，台北，《文学评论》第6集，1980年5月。

北宋范中立谿山行旅图

溪山行旅图 [北宋] 范宽

山房臨瑤海，一登之
紫窒之産亀品桃月
中閑夏盆水調生石
毫竹雪澗前樓褥見
陳高工照定善養生
八日廿日爲山堂善紫
芝山房爲卅平思豊
（印章款識）
時子聞

● 紫芝山房图 [元] 倪瓒

总之，与苏轼在文艺创作和审美趣味上的表现大体同步，这些纯粹哲学领域里的理学大师们经由禅宗佛学再回到儒学时，也极大地丰富了自己，建构了这个以审美代宗教的形上本体境界。

有趣味的现象是，宋明理学的高潮时期也大体是中国山水画的高潮时期。哲学思辨与艺术趣味的这种同步，是否说明其中有贯通一致的东西呢？这是一个尚待深究的问题。从美学看来，两者同是上述这一精神特征的表达。在宋明哲学，道德理性与生命感性的"天人合一"，建构了"属道德又超越道德""准审美又超审美"的本体境界。山水画则以形象化的境界，同样展现了这个"天人合一"。在中国山水画中，尽管人物形象是小小的，甚至看不大清楚，但他们既不表现为征服自然的主体，却又并不是匍匐于自然之下的鸡虫，如果没有这些似乎是小小的樵夫、渔夫、行客、书生，大自然就会寂寞、无聊、荒凉、恐怖（见第三章）。所以，山水画虽然没去表达人的功业、个性，也没表达神的人格、威力，它表达似乎只是人与自然的和谐，但这和谐却不只是乡居生活的亲密写实，而更是一种传达本体存在的人生的境界和形上的韵味。这是与大自然合为一体的人的存在，是人的自然化和自然的人化的统一。尽管它已不仅是道家，而且有禅意，但又仍然是回到人世、从属儒道的禅。即使是倪云林的不画人的山水，也仍然以这种儒道互补式的"天人合一"的韵味和境界吸引、感受和打动着人们，只是他的"亭下不逢人，夕阳淡秋影"，使空幻的禅意可能更浓一些罢了。

创作和欣赏山水画的，主要并不是出家的和尚或道士，而仍然是士大夫知识阶层。"士"是一般的知识分子，"大夫"可说是知识分子兼官僚；但他们都经过儒家的教育和训练，是儒学所培育出来的。这些知识分子面对山水画，体会和感叹着自然的永恒、人生之若旅、天地之无垠、世事的无谓，而在重山叠水之间，辽旷平远之际，却又总有草堂半角，溪渡一张，使这审美领会仍然与人世相关。世事、家园、人生、天地在这里奇妙地组成对本体的诗意接近。于是，对热衷仕途的积极者来说，它给予闲散的境地和清凉的心情；对悲观遁世的消极者来说，它又给予生命的慰安和生活的勇气。这，也许就是山水画的妙用所在吧？这所谓"妙用"，不又正是儒、道、释（禅）渗透交融而仍以儒为主的某种方剂配置么？苏轼词云"我欲乘风归去，又恐琼楼玉宇，高处不胜寒。起舞弄清影，何似在人间"。还是带着那妙悟禅意，回到人间情味和人际温暖中来吧，这里即有实在，有本体，有永恒。经过禅意洗礼后的华夏美学和文艺便正是这样。如果说，庄以对"感知层"，屈以对"情感层"，那么，禅便以对"意味层"的丰富、突破、扩大和加深了华夏美学。

第六章

走向近代

1. "师心不师道"：从情欲到性灵

过了高峰，便趋衰落，或在衰落中逐渐消亡，或在衰落中崛起变化。传统儒学如此，在儒家思想支配下的文艺和美学亦如此。

所谓衰落，在这里的意思是指，儒家哲学在宋明度过了朱熹、王阳明等顶峰之后，没能再有大的新开拓。与此似乎相呼应，在古典诗文和绘画领域，也大体如此。一些具有新意的思想倾向和艺术创作，却常常是指向与儒学正统相背离甚至相违反的方向。但它们又只是"指向"而已，本身还并未脱出儒学樊笼。尽管可能表现出某种"挣脱"的意向或前景。它是既不成熟又不彻底的，特别是在理论上。

这里所说的，便是明中叶以来的文艺、哲学倾向。

如前所述，自"礼乐传统"以来，儒家美学所承继和发展的是非酒神型的文化，虽经庄、屈、禅的渗入而并未改变。即它的特点仍然是：既不排斥感性欢乐，重视满足感性需要，而又同时要求节制这种欢乐和需要。即使是庄子自由乘风的人格想象，屈原寻死觅活的情感风波，以及那禅宗心空万物的超越世俗，也都没有越出这个"极高明而道中庸"的儒学规格。他们那对感性既肯定又节制、对人生求超脱又现实的精神，仍然是一贯下来了。所以即使朱熹等人对苏轼曾表不满，但毕竟还没有把他当作异端看待。本来，"礼乐"是以协调、组合群体的意志、情感和思想为目标，儒家也是以人际关怀为轴心；"仁"从人从二，个体的感性需要和感性欲求是在人际关系和人际关怀这个前提下被认同、被承认和被肯定的，它并无独立的价值和意义。庄子讲"道"，是超脱感性形骸的精神自由，虽肯定生命，却又藐视现实，与物欲则刚好对立。魏晋讲"情"，这情仍是宇宙感怀、人际伤悲，仍然是社会性和理性占优势的情，而并非对个体的情欲歌颂。唐宋讲"悟"，更超世间，它可以非理性，但并不反理性，与原始情欲、本能冲动也不相干。总之，无论礼乐、人道、人格、感情、妙悟，都没强调个体感性存在的自然情欲问题，没重视这个感性生存中的本能动力的价值和意义。

直到明中叶，情况似乎开始有所变化。但这变化也极有限度，它只是一种在理论上并未自觉的思潮或倾向而已。这便是"欲"的突出。

人欲，首先是男女之间的性欲，本是自古有之从未停歇的生物学和生理学的事实，并不断成为从原始歌舞到各门艺术的永恒主题之一。但在中国的礼乐传统和儒家教义的支配下，从"关关雎鸠"表"后妃之德"和"美人香草"以喻君臣，到闺怨、悼亡以表人伦夫妻，大都笼罩在"厚人伦，美教化"的社会要求下，并无自身的价值；不但绝少婚前爱恋，多是婚后相思，而且除了上层皇室（如所谓宫体诗）和下层民间的情歌、山歌具有某种变态发泄的意义外，性爱自身并未真正取得自己在文艺—审美中的独立地位，特别是没有取得与个体感性存在相深刻联系的独立地位。

明中叶以来，社会风尚发生了变异，原因何在，尚待研究，大概与当时商业空前繁盛、城市消费发达有关。当时性爱小说十分流行，传统礼俗开始崩坏。从《三言》《二拍》即可看出，尽管开头结尾要讲几句教训的话，但其主体却已不再是"载道""言志"或"缘情"，其标准也不再是"中庸""从和""乐以节乐"，相反，很大一部分是为了满足或挑逗人们的情欲，其中主要又是性爱的自然情欲。从《金瓶梅》到《肉蒲团》，比之西方的性爱描写，有过之似无不及；春宫画也公开为文人们制作和贩卖。它直接刺激人们的官能，挑逗人们的肉欲，开始成为对传统礼教的真正挑战。

本来，如前所说，作为感性存在的个体，谁都有性的本能和性爱欲求，谁对它都有兴趣，这是生物学和生理学所规定了的"命运"，不管是男是女，是"正人君子"还是村野小民。只是原来被压抑在人伦教化或追求超脱的大帽子下，得不到它应有的独立地位。尽管有史不绝书的荒淫皇帝，有发达的"房中术"和稀奇古怪的"裸身相逐""乱伦""面首"等，也早有像《列子》那种宣讲享乐的贵族哲学，但它们并不具有突破统治法规、封建束缚以重视个体血肉存在的近代意义。一直到这时，禁门才开始被冲开，性爱被肯定地、大规模地仔细描述，《肉蒲团》甚至把男女性交与"道"联系在一起，将原来只是少数人所秘授密传、充满了神秘意味的"房中术"（如《参同契》）予以夸大的文学描写和艺术张扬。重要的是，这已成为当时一种风尚、风气和风流了。这风流不复魏晋那种精神性甚强的风姿、风貌、风流，而完全是种情欲性的趣味了。

这样一种社会潮流反映到美学领域，当然已是几经曲折、多次折光了。其中有许多复杂的关系和多项的中介，需要进一步细致探讨。这里只能异常简略地从哲学、审美趣味和技巧形式上提出三点，作为日后研究的课题。

第一，从哲学上讲，这种新倾向反映在王阳明心学的解体过程中，这表现为感性的被承认、肯定和强调。拙著《中国古代思想史论》曾认为，"王阳明哲学中，'心'被区划为'道心'（天理）'人心'（人欲）（道心人心之分在张载那里就有，在张那里恰好是理学的必然开头，要点在道心的超越性；在王那里恰好是结尾，要点是它的依存性）。'道心'反对'人心'而又须依赖'人心'才能存在，这当中即已蕴藏着破裂其整个体系的必然矛盾，因为'道心'须通过'人心'的知、意、觉来体现，良知即是顺应自然。这样，知、意、觉已带有人类肉体心理性质而不只是纯粹的逻辑的理了。从这里，必然发展出'天理即在人欲中''理在气中'的唯物主义。

"这种破裂首先表现为由于强调'道心'与'人心''良知'与'灵明'的不可分离，二者便经常混在一起，合为一体，甚至日渐等同。尽管'心''良知''灵明'在王阳明那里被抽象提升到超越形体物质的先验高度，但它毕竟不同于'理'，它总与躯壳、物质相关联。从而理性与感性常常变成了一个东西而相纠缠以致不能区别，于是再进一步便由理性统治逐渐变成了感性统治。……

"'良知是天理之昭明灵觉处'。……

"好恶、灵明，都或多或少地渗入了感性自然的内容和性质。它们更是心理的，而不是纯粹逻辑的，它们有更多的经验性和更少的先验性。并且更重要的，在理学行程中，这个具有物质性的东西反而逐渐成了'性''理'的依据和基础。原来处于主宰、统治、支配地位的逻辑的'理'反而成了'心''情'的引申和派生物，于是，由'理''性'而'心'，倒过来成了由'心'而'理'。由'性'而'情'变而为由'情'而'性'。'充其恻隐之心，至仁不可胜用，这便是穷理工夫。'不是由'仁'（朱学中的'性''理'）来决定、支配'恻隐之心'（朱学中的'情'），而是倒过来，'仁'和'穷理'反而不过是'恻隐之心'的推演和扩充了。既然'心'即'理'，而'心'又不能脱离血肉之躯的'身'，毋宁还需依靠'身'才能存在(《传习录》下：'无心则无身，无身则无心，但指其充塞处言之谓之身，指其主宰处言之谓之心')。'道心'与'人心'既不能分，'心'与'身'又不能分，这样，'理''天理'也就愈益与感性血肉纠缠起来，而日益世俗化了，……王学集中地把全部问题放在身、心、知、意这种种不能脱离生理血肉之躯的主体精神、意志上，其原意是直接求心理的伦理化，企图把封建统治秩序直接装在人们的心意中，然而，结果却恰恰相反，因为这样一来，所谓'良知'作为'善良意志'(good will)或'道德意识'(即 moral consciousness)反而被染上了感性情感色调。……于是'制欲非体仁'之类的说法提法不久便相继出现，王学日益倾向于否认用外在规范来人为地管辖'心'禁锢'欲'的必要，亦即否认用抽象的先验的理性观念来强制心灵的必要。'谓百姓日用即道，……指其不假安排者以示之，闻者爽然'；'天理者，天然自有之理也，才欲安排如何，便是人欲'……所有这些都是'心即理'的王学原则在日益走向感性化的表现，不是伦理即心理，而逐渐变成心理即伦理，逻辑的规范日益变为心理的需求。'心即理'的'理'日益由外在的天理、规范、秩序变为内在的自然、情感甚至欲求了。这也就是朱熹所担心的'专言知觉者……其弊或至于认欲为理者有之矣'。这样，也就走向或靠近了近代资产阶级的自然人性论：人性就是人的自然情欲、需求、欲望。无论是泰州学派或蕺山学派，总倾向都如此。从王艮讲'爱'，颜山农认为'……只是率性而行，纯任自然，便谓之道……凡儒先见闻道理格式，皆足以障道'，到何心隐说'性而味，性而色，性而声，性而安适，性也'；刘宗周强调'道心即人之本心，义理之性即气质之本性'，想建立至善无恶的心之本体，来摒除一切可能的人欲的思想，到他的学生陈乾初那里，就发生了变化，陈说：'人心本无天理，天理正从人欲中见，人欲恰好处，即天理也，向无人欲，则亦并无天理之可言矣'；'人欲正当处即是理，无欲又何理乎'；等等，似乎和泰州学派殊途同归了。

"李卓吾更大讲'童心'，不讳'私''利'：'夫私者，人之心也。人必有私而后其心乃见，如无私则无心矣'，'若不谋利，不正可矣，……若不计功，道又何时而可明也？'这几乎是与宋明理学一贯肯定和宣讲的'正其谊不谋其利，明其道不计其功'唱完全的反调了；不但肯定了'利''功''私''我'，而且还认为它们是'谊''道''公''群'的基础。由这里，再到戴东原强调'好货好色，欲也，与百姓同之，即理也'，'古圣贤之所谓仁义礼智，不求于所谓欲之外，不离乎血气心知'，便只一步之隔；而从戴东原这些思想再进一步到康有为的'理，人理也'，'夫生而有欲，天之性哉！……口之欲美饮食也，居之欲美宫室也……'，'人生之道，去苦求乐而已，无他道矣'，在理论逻辑上又只有一步之隔了。"[1]中国十八世纪戴东原的哲学的巨大意义，就正在以传统方式，用传统词汇和在传统的理论领域内，明确地表达了这种自然人性论的近代倾向[2]。

第二，与这种哲学思潮基本同时，同李贽直接间接有关的一批人物，如徐渭、汤显祖、袁宏道，便各在诗文绘画领域提出以个性自我为核心或特点的创作理论和文艺主张，如"贵本色"（徐）、"师心不师道"（袁）、"弟云理之所必无，安知非情之所必有邪"（汤），等等。这一倾向虽

① 参阅拙著《中国古代思想史论》，第244—248页。

② 参阅拙著《中国古代思想史论》。

● 横塘曳履图 ［清］石涛

桨开出畔
又横塘
夕眼风生
弥觉愈凉
永夕
直练无
端烟树发
炯炯清湘
绿香老人
涛

山水册之一　[清]石涛

经随后的假古典主义的反对、斥责，但在从清初的金圣叹、李渔、石涛直到乾隆"盛世"的扬州八怪、袁枚等人的创作和理论中，却仍然不绝如缕地延续着。石涛说，"一画之法，乃自我立……夫画者，从于心者也"（石涛《苦瓜和尚画语录》），袁枚说，"为人，不可以有我；……作诗，不可以无我……不可寄人篱下"（袁枚《随园诗话》卷7），都以不同方式表现出这一点。虽如同戴震在哲学上没能达到王阳明的水平一样，袁枚等人也没能再造成徐渭、汤显祖那样的气候。但这一从嘉靖到乾隆的文艺潮流，不管表现方式如何五花八门，多种多样，从提倡平易（公安派）

到追求艰涩（竟陵派），从描写情色（李渔）到"自我立法"（石涛）和鼓吹性灵（袁枚），却共同呈现出对儒家传统教义的脱离、超出、违反甚至背弃。他们讲的"心""情""真""性""我"等，已不再是儒、道那个普遍性的"天地之心"，也不复是魏晋隋唐的那种人生感慨的"情"，更不是宋明理学家的那个"义理之性"或"知觉灵明"；他们的"情""心""性灵"等，都更是个体血肉的，它们与私心、与情欲、与感性的生理存在、本能欲求，自觉或不自觉地联系得更为紧密了。杜丽娘爱得那样死去活来，不仅是精神依恋，而且有肉体需求，便大有象征意义。这种性爱已不是《西厢记》"露滴牡丹开"那种粗疏简陋的描述，而是更为升华了的情欲表现。大讲性灵的袁枚，可说是这一思潮的殿尾者，他的"性灵"非即肉欲，但归根结底，又仍然与自然情欲有联系。

他的"性灵"说的基础是"性情"："提笔需先问性情"（袁枚《小仓山房诗集》卷4"答曾南邨论诗"），"诗言志，言诗之必本乎性情也"（袁枚《随园诗话》卷3）。所谓"性情"主要是指"情"。"诗缘情"是古已有之的理论，并无何新鲜，新鲜的是，袁枚强调"情"首先必是男女之情。袁枚说："且夫诗者，由情生者也，有必不可解之情，而后有必不可朽之诗。情之最先，莫如男女。……宋儒责白傅（指白居易）杭州诗忆妓者多忆民者少，然则文王寐求之至于辗转反侧，何以不忆王季太王而忆淑女耶？"（袁枚《小仓山房诗集》卷

30"答蕺园论诗书")这几乎是袁枚论诗的一个基本主调。

总之，回到实在的个体血肉，回到感性世俗的男女性爱，在这基础上，来生发出个性的独立、性情的张扬，即由身体的自由和解放到心灵的自由和解放，而日益越出、疏远、背离甚至违反"以乐节乐"的礼乐传统和"发乎情止乎礼义"的儒家美学，这便是传统美学走向自崩毁的近代之路。之所以说是"自"崩毁，是因为所有这些创作者和理论者，这些作家艺术家又都无不是儒门的士大夫知识分子，在他们的自觉意识和理论主张中，儒家的许多基本精神、观念和思想情感并未从根本上动摇。深探情、色的汤显祖仍讲"名教至乐"。大赞《水浒》《西厢》的金圣叹，仍标"忠义"主旨。多才多艺、开明通达的李渔，也要讲"有裨风教""益于劝惩""轨乎正道"。就是袁枚，也仍得打着孔子"兴观群怨"的招牌。所有其他人大体都差不多，他们并没有自觉地脱出儒学传统的反叛要求和明确观念，他们基本上仍是儒家美学的信奉者承继者。但他们又确乎显示了上述那种突出个性情欲、本能要求的背离倾向。情欲的放纵、本能的倾泻、被压抑过久的情欲无意识的冲出……是这股新的近代倾向的强大动力；它们不是表现在成熟的美学理论上，而毋宁是表现在具体的审美趣味上，他们以各种不同形式和在不同程度上表现了对传统的标准、规范、尺度的破坏和违反。例如公开提倡和追求"趣""险""巧""怪""浅""俗""艳""谑""惊""骇""疵""出其不意"冷水浇背"等，便与"温柔敦厚"的传统诗教、"成教化助人伦"的儒学准则，实际距离拉得相当远了。

徐渭说："……读之果能如冷水浇背，陡然一惊，便是'兴观群怨'之品。"① "晚唐五代，填词最高，宋人不及。何也？词须浅近，晚唐诗文最浅，邻于词调，故臻上品。宋人开口便学杜诗，格高气粗，出语便自生硬，终是不合格。"（徐渭《南词叙录》）

袁宏道说："世人所难得者唯趣。……夫趣得之自然者深，得之学问者浅。当其为童子也，不知有趣，然无往而非趣也：面无端容，目无定睛，口喃喃而欲言，足跳跃而不定，人生之至乐，真逾于此时者……愚不肖之近趣也，以无品也。品愈卑故所求愈下，或为酒肉，或为声伎，率心而近，无所忌惮自以为绝望于世，故举世非笑之不顾也，此又一趣也。"② "……独抒性灵，不拘格套，非从自己胸臆中流出，不肯下笔……佳处自不必言，即疵处亦多本色独造语，然余则极喜其疵处，而所谓佳者，犹不能不以粉饰蹈袭为恨……任性而发，尚能宣于人之喜怒哀乐嗜好情欲，是可喜也。"③

---

① 徐渭：《徐文长集·答许北口》，转引自《中国美学史资料选编》下册，第118页。

② 《袁中郎全集》，"文钞"卷3，"叙陈正甫会心集"。

③ 同上书，"叙小修诗，并欣赏其弟"性喜豪华，不安贫窭，爱念光景，不受寂寞，百金到手，顷刻即尽等，颇不合传统儒学要求。

李渔说："'纤巧'二字，行文之大忌也，……而独不戒于传奇一种。传奇之为道也，愈纤愈密，愈巧愈精。词人忌在'老实'，……'尖新'即是'纤巧'。"（李渔《闲情偶寄·词曲部·意取尖新》）"……以'尖新'出之，则令人眉扬目展，有如闻所未闻；以'老实'出之，时令人意懒心灰，有如听所不必听……""戏文做与读书人与不读书人同看，又与不读书之妇人小儿同看，故贵浅不贵深。"（《闲情偶寄·词曲部·忌填塞》）

金圣叹说："夫天下险能生妙，……险故妙，险绝故妙绝，不险则不妙，不险绝则不能妙绝也。"（金圣叹《水浒传41回回评》）"不险则不快，险极故快极也"（同上，36回夹批），"越奇越骇，越骇越乐。"（同上，54回回批）

袁枚说："……艳体不足垂教，仆又疑焉，夫关雎即艳诗也，……阴阳夫妇，艳诗之祖也。……诗之奇、平、艳、朴，皆可采取，亦不必尽庄语也。"[1]"温柔敦厚，亦不过诗教一端，不必篇篇如是。……仆以为孔子论诗可信者，兴观群怨也；不可信者，温柔敦厚也。"[2]

---

[1]　袁枚：《小仓山房文集》卷17，"再与沈大宗伯书"。

[2]　袁枚：《小仓山房尺牍》卷10，"再答李少鹤书"。转引自杨鸿烈《袁枚评传》，台北，文海出版社，第177页。值得注意的是，在前一答书中，袁还说"夫温柔敦厚，圣人之言也，学圣人之言而至庸琐阜靡，是学者之过，非圣人之过也，足下必欲反此四字以立教，将教之以北鄙杀伐之音乎？"（《小仓山房尺牍》卷8），正反映出求摆脱而未能并无明确自觉意识的状态。

南山與秋色
氣勢兩爭峙
闲者辯其妨
君今已閱夫
玄宰 ▢

山水图册 〔明〕董其昌

　　总之,不再刻意追求符合"温柔敦厚",而是开始怀疑"温柔敦厚";不必再是优美、宁静、和谐、深沉、冲淡、平远,而是不避甚至追求上述种种"惊""俗""艳""骇"等,审美趣味中出现的这种倾向,表明文艺欣赏和创作不再完全依附或从属于儒家传统所强调的人伦教化,而在争取自身的独立性,也表现人们的审美风尚具有了更多的日常生活的感性快乐。袁枚说:"文之佳恶,实不系乎有用与无用也……文之与

墨梅 〔明〕徐渭

道，离也久矣，然文人学士必有所挟以占地步，故一则曰明道，再则曰明道，直是文章家习气如此。而推究作者之心，都是道其所道，未必果文王、周公、孔子之道也。夫道若大路然，亦非待文章而后明者也。"①

这几乎是公开要求"文""道"分离了。连正统的文章都如此，更不用说其他文艺了。明代中叶以来，在文艺创作领域内，表现得当然更为鲜明。例如，明末小说中众多淫秽、贪婪、凶残、欺诈的描绘，津津乐道丑行恶事，追求官能性的挑逗、戏剧性的紧张，等等。绘画领域内，陈洪绶那"人

---

① 袁枚：《小仓山房文集》卷19，"答友人论文第二书"。

画亦不安宁"的丑怪人物，徐渭开创的墨法淋漓的写意花鸟，董其昌着力提倡那脱离真实的拙怪的"仿古"山水，都是空前的新现象。在书法领域，则如熊秉明所说："明代的狂草，当时正统理性派代表项穆、丰坊以卫道的姿态大肆斥责：'如褴褛乞儿，麻疯遮体，久堕溷厕，蒲伏通衢，臃肿蹒跚，无复人状'（丰坊），'如瞽目丐人，烂手则足，缠穿老幼，恶状丑态，齐唱俚词，游行村市也'（项穆）。"① 这算是被责骂得够厉害了，但当时的这种"丑怪"狂草，正因为与上述绘画、文学等领域里的新兴的审美趣味一样，表现了一种突破儒学传统规范的总倾向，才赢得传统维护者的热骂。其实正统派对上面引述的那些人也都有大体类似的斥责、唾骂。例如对李贽，便认为"……至今为人心风俗之害，故其人可诛，其书可毁……以明正其名教罪人"（《四库全书总目提要》别集类存目5《李温陵集》）；例如对徐渭的诗，便认为，"流为魔趣，选言失雅，纤佻居多"，并指出"其诗遂为公安一派之先鞭，而其文亦为金人瑞等滥觞之始"（同上书，别集类存目5《徐文长集》）；对三袁，"学三袁者，乃至衿其小慧，破律而坏度"（同上书，别集类存目6《袁中郎集》），"万历以后，公安倡纤诡之音，竟

---

① 熊秉明：《书法领域里的新探索》，见《当代》第2期，台北，1986年6月1日。

陵标幽冷之趣，幺弦侧调，嘈囋争鸣，佻巧荡乎人心，哀思关乎国运，而明社亦于是乎屋矣。"（同上书，总集类存目5《朱彝尊明诗综》）对清代的李渔和袁枚的诟骂，更为厉害。如：

> 李笠翁十二种曲，举世盛传，余谓其科诨谑浪，纯乎市井，风雅之气，扫地以尽。……笠翁之为人，性龌龊，善逢迎，尝挟小妓三四人，遇贵游子弟，便令隔帘度曲，捧觞行酒，并纵谈房术，诱赚重价。盖其人轻薄，原于天性，发为文章，无足怪也。（梁绍壬《两般秋雨庵随笔》）

略易、书、礼、乐、

水墨牡丹图 ［明］徐渭

春秋，而独重毛诗，毛诗之中，又抑雅、颂而扬国风，国风之中又轻国政民俗而尊男女慕悦之诗，于男女慕悦之诗，又斥诗人讽刺之解，而主男女自述淫情，……自来小人倡为邪说，不过附会古人疑似以自便其私，未闻光天化日之下，敢于进退六经，非圣非法，而恣为倾淫荡之说，至于如是之极者也。（胡适《章实斋年谱》）

彼不学之徒（指袁枚），无端标为风趣之目，尽抹邪正贞淫、是非得失，而使人但求风趣。……无知士女，顿忘廉检，从风披靡，是以六经为导欲宣淫之具，则非圣无法矣……遂使闺阁不安义分，慕贱士之趋名，其祸烈于洪水猛兽。（章学诚《文史通义·内篇·妇学篇书后》）

无论是人身攻击也好，理论争议也好，其关键在于以男女情欲为根本特色而生发出来的突出个性、追求新奇和所谓"淫荡""鄙俚""纤佻"等审美风尚和趣味，太不合儒家传统诗教的尺度，即所谓"非圣无法""破律而坏度"。所以，尽管早在《易传》即有"有男女然后有夫妇，有夫妇然后有父子，有父子然后有君臣"，但这是为了组构儒家的社会秩序；近代的突出男女情欲，却正好是破坏这一秩序。清初是传统大总结的阶段，如果说，王渔洋的神韵说基本上是沧浪以禅悟论诗的延续，王船山的诗论流露着重情的屈骚传统，沈德潜是儒家正统诗教的回光返照，那么，袁枚大概就是最能代表明中叶以来这股以男女情欲的解放（所谓"导欲宣淫"）为基础，来突破儒家传统的近代倾向了。以哲学领域相比，如果与泰州学派李贽同时而相当的是徐渭、汤显祖、袁中郎等人，那么，与戴震同时而相当的便是袁枚了。袁枚处在假古典主义极盛一时的统治下，他所受到的攻击、谩骂，也是最多最严重的。上引章学诚对他的再三斥骂便是如此。章学诚本也是同样体现了近代倾向的思想家、史学家，但在这个对待情欲的关键问题和这问题表现在美学——文艺方面的态度上，却远远落后于袁枚了。总之，情欲问题自古即有，在这里的实质在于：它表现了对个体感性血肉之躯的重视，亦即真正突出了个体的存在。个体不再只是伦常关系中的一个环节或宇宙系统中的某个因素，而是那不可重复、不可替代、只有一次的感性生命的自身。这自身也不再是泛泛的人生意义或一般的生命感怀，而是实实在在的"我"的血肉、情欲和自然需要。

第三，如果说，上述对传统儒学的观念突破还不是自觉意识的话，那么这个时期某些作家艺术家对形式、技巧的规范、考察，却是非常自觉的了。这也是走向近代的一种表现，即对文艺——审美自身规律法则的空前重视和刻意追求。即是说，它意味着"艺""文"不只是"载道"而已，它们自身的技巧、规则还有其独立的意义在。其中，董其昌的"仿古"最具代表性，这种"仿"已不再是"传移模写"，而是在追求

● 黄山真迹图　黄宾虹

古代作品中的形式规律，并把它抽离出来，定作模式（pattern），在创作中遵循运用，以驾驭、支配客观的自然景物。所以它根本不是对自然或古人作品的如实模拟仿制，而是将传统笔墨抽离出来，予以新的组合。如果说，在绘画领域，从徐渭到石涛到扬州八怪，是从心灵解放、个性抒发在内容上展示出走向近代的倾向，那么，从董其昌到四王，则是以笔墨规律的抽离，在形式上展现了同一方向，即他们使笔墨自身从此获得了完全独立的价值。西方有些研究者把董其昌比之于Cézanne（塞尚），在我看来，这是种过誉；但追求一种超出自然景物的所谓本质的真实，所谓"以蹊径之怪奇论，则画不如山水；以笔墨之精妙论，则山水决不如画"①，即画比自然山水高超，这高超不在客观模拟的如何"逼真""典型"，而在主体创作的笔墨精妙，从这一点上，可说具有某种近代自觉的意味。大体同一倾向，如李渔的论戏曲、园林，金圣叹、毛宗岗的评小说，以及清代翁方纲的文章肌理说、桐城派的古文义法等，都或多或少地共同表现出重形式、重创作本身的技巧规律的某种思潮风尚。这也逐渐不同于儒学传统，也不是庄、屈、禅。当然，对技巧的讲求，古已有之，下层工匠讲求技艺，代代口耳相传，上层则如南朝沈约有四病八声说对诗律的规范，但这次之所以具有近代特征，在于它与前

---

① 董其昌：《画禅室随笔》，转引自《历代论画名著汇编》，第254页。

面所讲的那些特征有各种不同程度、不同方面的联系和结合，或多或少地表现出一种走向职业化、专业化的近代意识和倾向。"四王"的画便很难说是抒发性情（元）或描写自然（宋），而只是一种具有装饰风的职业画家的"产品"而已。

所有上面三个方面，都是儒门正统和宋明理学所不会满意，甚至深恶痛绝的。自然人性论的哲学思想，个性自我的创作主张和艳、俗、险、怪的审美趣味，极力追求形式规律的技巧理论，在理学家们看来，便都是越出"正心诚意""修齐治平"正轨，而有害于"圣人之道"。如果比较一下刘蕺山的《人谱》的"记警观戏剧""记警作艳词"等，便可看出这股新起思潮（它不是个别人而是酝酿、蔓延了数百年之久的某种共同倾向）的背离或违反儒家传统的程度和意义。

这确是近代的新消息，只是这消息没有得到充分发扬和开拓，便被假古典主义（从正统诗文到乾嘉考据、程朱理学）所湮没和扼制住了。

2. "以美育代宗教"：西方美学的传入

1898 年戊戌变法前后，真正西方的近代思潮开始涌进中国，这对传统的儒学和文艺，当然发挥了重要作用。但这是另一个故事，非本书所能详论。这将近百年的西方文化输入中，在如何与原有传统相碰撞和联结的问题上，美学领域最值得重视的有两大事例，即二十世纪初期王国维、蔡元培的理论观念和二十世纪中期流行的"美是生活"理论。

关于王国维及其《人间词话》，已经有足够多的论著了。王国维是典型的儒家传统的知识分子，却又同时是勇于接受西方哲学美学的近代先驱。他提出了有名的"境界"说。

关于他的境界说有各种解说。我认为，这"境界"的特点在于，它不只是作家的胸怀、气质、情感、性灵，也不只是作品的风味、神韵、兴趣，同时它也不只是情景问题。① 它

---

① 徐复观认为"人间词话受到今人过分地重视，境界实即情景问题而已"。见《中国文学论集续篇》，台北，学生书局，198.

● 仿古山水册之一 ［清］顾澐

是通过情景问题，强调了对象化、客观化的艺术本体世界中所透露出来的人生，亦即人生境界的展示。尽管王的评点论说并未处处扣紧这一主题，但在王的整个美学思想中，这无疑是焦点所在。所以王以三种境界（"望断天涯路""衣带渐宽终不悔""蓦然回首"）来比拟做学问，也并非偶发的联想。

王国维并且说："有诗人之境界，有常人之境界。诗人之境界，惟诗人能感之而能写之，故读其诗者，亦高举远慕，有遗世之意。……若夫悲欢离合，羁旅行役之感，常人皆能感之，而惟诗人能写之。故其入于人者至深而行于世也尤广。"
(《人间词话》)

这就是说，诗词是各种常人、诗人所能感受到的人生，予以景物化的情感抒写，才造成艺术的境界。所以，"境界"本来自对人生的情感感受，而后才化为艺术的本体。这本体正是人生境界和心理情感的对应物。所以，王说：

> 境非独谓景物。喜怒哀乐，亦人心中之一境界。故能写真景物，真感情者，谓之有境界。（同上）

这也就是心理情感的对象化，以构成艺术本体，这本体展示着人生。王国维讲"隔"与"不隔"、"写境"与"造境"，似都应从这个角度，而不只是从情景的角度去分析，方能显出其美学的意义。

王国维之追求境界，提出境界说，也正是希望在这个艺术本体中去寻求避开个体感性生存的苦痛：

> 生活之本质何？"欲"而已矣。欲之为性无厌，而其原生于不足。不足之状态，苦痛是也。……一欲既终，他欲随之。故究竟之慰藉，终不可得也。即使吾欲悉偿，而更无所欲之对象，倦厌之情，即起而乘之。于是吾人自己之生活，若负之而不胜其重。故人生者，如钟表之摆，实

往复于苦痛与倦厌之间者也。……故欲与生活与苦痛，三者一而已矣。……兹有一物焉，使人超然于利害之外，而忘物与我之关系。此时也，吾人之心无希望，无恐怖，非复欲之我，而但知之我也。……非美术何足以当之乎？……美术之务，在描写人生之苦痛与其解脱之道，而使吾侪冯生之徒，于此桎梏之世界中，离此生活之欲之争斗，而得其暂时之平和，此一切美术之目的也。(《红楼梦评论》)

这似乎在全抄 Schopenhauer（叔本华），实际却又仍然是苏轼以来的那种人生空幻感的近代延续和发展。这延续和发展在于把这感受建筑在感性个体的欲望上。与上节讲的纵欲重情的走向近代的倾向似乎刚好相反，王国维这里讲的是对这种个体生存和感性欲望、自然要求的否定、厌倦和恐惧。这种对个人必须生存、必须生活从而必然产生各种生理需要、生活欲望的无可奈何的悲观、厌弃，倒恰好反映了这个世界性的近代主题在中国由于与传统碰击交遇所产生的奇异火花。儒家传统本是重"生"的，但这个"生"主要是讲群体、社会、"天下"、国家，而并不特别着重感性个体的情欲，因此当这个群体的"生"或"生命"变得失去意义时，个体感性的生存也就毫无价值了。对一个"故国"（清朝）情深、深感前景无望的士大夫来说，再加上传统中原有的人生空幻的感伤，他的接受叔本华的意志盲目流转的悲观哲学，并希望在建立"境界"

的艺术本体中去逃避人生，便是相当自然的事情。对感性个体血肉生存的逃避和扔弃，恰好证实着它的觉醒和巨大压力的存在。从而，提出建构一个超利害忘物我的艺术本体世界（"境界"），就比严羽、王士禛以禅悟为基础的"兴趣""神韵"的美学理论，要在哲学层次上高出一头。这也就是王国维之所以比严羽等人更吸引现代人的根本原因。因为，它那吸入西方式的否定意欲、否定生命的理论，却更突出了近代的"情欲"——人生问题。

之所以追求艺术的幻想世界（"境界"），以之当作本体，来暂时逃避欲望的追逼和人生的苦痛，这也正因为儒家士大夫本来没有宗教信仰的缘故。王国维就是这样。他只能在艺术中去找安身立命的本体，虽然他明明知道这个本体是并不可靠的暂时解脱。所以当现实逼迫他作选择时，他便像屈原那样，以自杀——生的毁灭来作了真正的回答。但以所谓"义无再辱"（王的遗书）作为死的理由，却又仍然是传统的儒家精神。王的自杀倒正是近代西方悲观主义和传统儒家挫折感的结合产物。

如上章所说，儒家哲学没有建立超道德的宗教，它只有超道德的美学。它没建立神的本体，只建立着人的（心理情感的）本性。它没有去归依于神的恩宠或拯救，而只有对人的情感的悲怆、宽慰的陶冶塑造。如果说，王国维以悲观主义提示了这问题，那么可以说，蔡元培则是以积极方式提出了这问题："以美育代宗教"。

与王国维接受 Schopenhauer（叔本华）相似，蔡元培接受的是 Kant（康德）。与王国维立足于儒学传统立场相似，蔡元培没有像 Kant 那样去建立道德的神学，却希望从宗教中抽取其情感作用和情感因素，来作为艺术的本质，以替代宗教。他说："吾人精神上之作用，普遍分为三种，一曰知识，二曰意志，三曰感情。最早之宗教，常兼此三作用而有之。……知识作用离宗教而独立……意志作用离宗教而独立……于是宗教所最有密切关系者，惟有情感作用，即所谓美感。……世界观教育，非可以旦旦而聒之也。且其与现象世界之关系，又非可以枯槁简单之言说袭而取之也。然则何道之由？曰：由美感之教育。美感者，合美丽与尊严而言之，介乎现象世

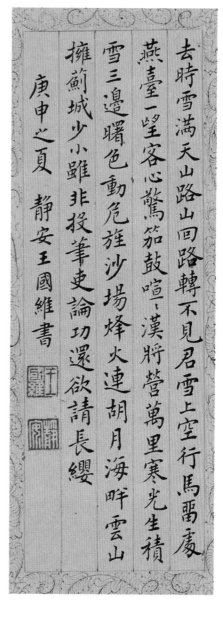

● 王国维楷书

界与实体世界之间，而为之津梁。……在现象世界，凡人皆有爱恶惊惧喜怒悲乐之情，随离合、生死、祸福、利害之现象而流转。至美术，则即以此等现象为资料，而能使对之者，自美感以外，一无杂念。……人既脱离一切现象世界相对之感情，而为浑然之美感，则即所谓与造物为友，而已接触于实体世界之观念矣。"（蔡元培《对于教育方针之意见》）

在这里，蔡元培仅把宗教归之于情感教育，撇开其伦理、意志功能，强调"陶养感情"，以达到"本体世界"，这说明蔡是完全站在儒学传统的无神论立场，来提出以美育代宗教的命题的。

这实际是以正面积极方式提出了王国维以消极方式提出的艺术为消歇利害、暂息人生的同一问题，他们都追求在艺术—审美中去达到人生的本体真实。所以，重要的是，他们二人为什么不约而同和殊途同归地得到了同一结论？我认为，这正是儒学传统与西方美学相交遇渗透的结果；非酒神型的礼乐文化、无神论的儒门哲学又一次地接受和同化了 Kant、Schopenhauer 的哲学和美学，而提出了新命题。这一命题尽管与明中叶以来纵情欲的外表征象并不一致，却又同样是建立在重个体情欲生存的近代基础之上，其走向是相当一致的。

王国维说："且孔子之教人，于诗乐外，尤使人玩天然之美。故习礼于树下，言志于农山，游于舞雩，叹于川上，使门弟子言志，独与曾点。……之人也，之境也，固将磅礴万物以为一，我即宇宙，宇宙即我也。……叔本华所谓'无欲之我'、希利尔（即 Schiller）所谓'美丽之心'者非欤？此时之境界：无希望，无恐怖，无内界之争斗，无利无害，无人无我，不随绳墨而自合于道德之法则。一人如此，则优入圣域；社会如此，则成华胥之国。孔子所谓'安而行之'，与希尔列尔所谓'乐于守道德之法则'者，舍美育无由矣。"[①]

这不与蔡元培之提供美育、会通中西如出一辙吗？尽管根本理论的出发点容或有异，一积极、一消极，一 Kant，一 Schopenhauer，但他们将西学结合华夏本土传统这企图和走向，又仍是非常近似的。以美育代宗教，以审美超道德，从而合天人为一体，超越有限的物欲、情思、希望、恐怖、人我、利害……以到达或融入真实的本体世界，推及社会而成"华胥之国"、理想之民，王、蔡二人是相似相通的。这似乎再一次证实着中国古典传统（主要又仍然是以孔子为代表的儒学传统）的顽强生命，以及它在近代第一次通过美学领域表现出来的容纳、吸取和同化近代西学的创造力量。

但自二十世纪二十年代以后，随着政治斗争的激剧紧张，救亡呼声盖过一切，美学早被压缩在冷落的角色里，纯粹的哲学也是这样。王、蔡这种"以美育代宗教"的观念更被搁置一旁，无人过问。在文艺领域，则自二十年代"文学研究会"

---

① 王国维佚文"孔子的美育主义"，见《江海学刊》1987年第4期。

提出"为人生而艺术",到三十年代左翼文艺的"为革命而艺术",到四十年代的抗战文艺,儒学正统的"文以载道"似乎以一种新的形式占据了中心,形成为主流。所谓"为艺术而艺术"的"纯"文艺的创作和理论始终未有多大影响。这一切都非偶然。有意思的倒是,在五四运动打倒孔家店之后,这种经世致用、关怀国事民瘼的儒学传统却仍然可以是新文艺的基本精神。这既说明不可低估的儒学传统的生命力,也说明人们所难以豁免的文化心理结构的继承性质。于是,重男女个体情欲的近代倾向又被倒转,重新转换为重现实社会生活的思潮。①

反映到美学上,二十世纪四十年代传入、五十年代风行的俄国 Chernyshevsky(车尼尔雪夫斯基)的"美是生活(命)"命题,便正好符合了人们的理论需要,它既是"为人生而艺术""为革命而艺术"的理论概括,又吻合重生命重人生的华夏美学传统,普遍地为知识分子和青年学生群所欢迎和接受,而构成现代新美学的起点。但这在许多文章中已经谈得很多,这里不拟论说了。

总的来看,近代一如古代,不断地勇于接受、吸收、改造、同化外来思想,变成自己的血肉,仍然是儒家哲学和华夏美学的根本精神。

---

① 参阅拙著《中国现代思想史论·二十世纪中国(大陆)文艺一瞥》。

3. 载体与范畴

美学自身如果真正走向近代，需要经过一番科学分析的洗礼。如何实实在在地从一些具体课题着手，例如从中国文艺所运用的物质载体着手研究，便是一项非常重要的工作。

本书不能来作这样的工作，只能简略言之。

汉语、方块汉字、毛笔和木材，是中国诗文和艺术（主要是绘画、书法和建筑）的主要的感性物质工具，它们在制约乃至决定中国文艺的美学特征以及体现前述种种传统精神上，起了某种关键作用。

汉字的特征，已有了许多研究。其中，我以为，理解因素突出是最为重要的一点。"会意""指事"是汉字组成的六大原则（"六书"）中的两大项。以部首、偏旁通过概念性的认知来把握字义，要求一种理解性的记忆。从而，它使记忆中包含了很重要的理解性成分，即通过理解来记忆。汉字非拼音的特征，文字与语音的脱节，使文字全凭记忆而认知，数千年世代相沿，便极大地训练了这种富于理解性的记忆力。追求可理解性，是迄今为止汉字组词的原则特征，翻译外来词汇不用音译，而采"会意""指事"，或虽有音译而逐渐为"意译"所替代，如资产阶级（布尔乔亚）、民主（德谟克拉西）、意识形态（意底沃罗结）、电脑（computer）等，这在世界所有的语言文字中，是罕见的。

汉字这种理解性的造词特点，使其具有相当大的自由度。汉字是一音一字。章太炎说："单音语人所历时短……复音语人所历时长，是故复音语人，声余于念，意中章句，其成则迟；单音语人，声与念称，意中章句，其成则速。"（章太炎《齐物论释》）章太炎由此竟推论出宗教之有无，这当然颇为牵强，但单音字与中国文学语言上的美学特征则显然有关。例如，汉语单音字的常用字数量不多而自由组成的词汇量却不少，且因组成中含有理解因素，所以"成念"和言说的进行速度也的确可能会更迅速一些，从而，以少量的音组和词语涵盖大量的信息，对中国诗文的美学特征，如重精练简洁和音乐性等，无疑有重大意义。

同时，汉字的理解性又只是"性"，而非具体明确的概念意识，所以它具有很大的灵活性、多义性、朦胧性和不确定性。又由于所谓书画同源，汉字始终不完全摆脱原始的形象性（"象形"），这种"象形"或形象性并不是事物的如实描绘，而是某种概括性的感性抽象，这种感性抽象又非确定的图式构架

（schema），而是朦胧的形象性记号、符号，以诉诸直感。由此，它的包容性、多义性、不确定性的因素便比其他记号要大。有人研究《诗经》三千单词中无抽象名词，以至怀疑中国古人有否逻辑思维能力，他不知道，中国古人恰恰极重知性的理解，只是这理解包含在形象性中，而变得模糊、多义了。汉语无词类、时态、单复数等的严格规定，因之只有在整个句子中才能了解每一单字单词的性能、含义和地位、作用，它以词序的严格性来替代词类、时态、格位等的规定性。这既突出表现了整体系统的理性秩序，又易于"以物观物"，去掉主观去"客观地"超时空、越认知、非逻辑地呈现和把握事物和世界。例如，它可以缺乏在西方语文中非常重要的动词。这当然影响人的思想、情感、观念、意向，从而影响文艺和哲学、美学。例如，由于无词类、时态、格位等规定，以及单字在句子中的朦胧性，由是造句的灵活多样性，使整个句子以至整体本文经常具有隐喻性、未确定性、理解的多重可能性、意义的可增殖性等弹性特色。这在诗词中便极其明显，也正是造成"诗无达诂"这一美学原则的重要缘由。

汉字的这种形象性和多义性使它富有情感色彩。"之乎也者矣焉哉"等感叹字和许多虚词更纯起表情作用。所有这些，使汉文字成为所谓"诗的语言"，即不离感性感受和感性抒发的语言。这种语言对不去形成一个高度抽象的上帝，而满足在有限感性中的形上追求，以及思维方式上的同构类比而非

● 变形蛙纹彩陶罐 ［新石器时代］

抽象的演绎归纳，都有关系。

与汉字相对应，是中国特有的毛笔。它决定了"线的艺术"的可能和发展。新石器的彩陶便"……线描流畅，有的粗放，而且有笔锋的显然流露。可知当时彩陶的描绘，已有了毛笔的使用，……近乎兽尾或羽毛之类"。①

用毛笔画线，其粗细变化，转折进行，可以异常自由灵活，而且形态万方；它的走向、动势、力度等，如同音乐一样，又可以直接与情感相联系。所有这些，当然与书画的美学特色直接攸关。

中国古代建筑则以木结构为材料特征。这是至今由来不

---

① 王伯敏：《中国绘画史》，上海，上海人民美术出版社，1982，第8页。

明的一大问题。我的猜测是社会性的，即不是由于石头稀少之类的原因，而是由于持续极长的中国新石器时代的原始氏族社会没有强大的专制统治权威，以致无法建构需要极大人力负担的块石建筑（如金字塔、玛雅神庙等）。万里长城毕竟起自时代很晚的战国。而木建筑传统却在远古即已形成，它延续下来，难再改变。木建筑以其暖色调（木比石暖）、平面展开（不能如石建筑那样高耸），以构成千门万户的繁复群体的系统结构（不像石建筑那么单一），这在形成建筑艺术重整体、重实用理性、重伦常秩序的美学特色上，有关键性的作用。从城市、宫殿（如北京紫禁城）①到民房（如四合院），数千年

①　"……从董仲舒到宋代理学，讲究'阳尊阴卑'，越来越严密，这对建筑的布局有直接明显的影响。有尊则有卑，在建筑上，为突出尊位，则置于中央地位；位卑者、从属者则列于两旁，这就容易形成对称布局。按中国传统方位观念，则居中面南为尊，面东西次之，面北者最低。在住宅中，尊位是长辈、家长所在，即正房或上房；两侧则为晚辈子媳所在，即厢房、偏房。皇宫殿宇不但位置方向有规矩，尺度、高低、形制乃至色彩、图案等，也有等级差别。此外，皇宫主要的宫殿、宫门殿门南北相次在同一中轴线上，以突出中央为尊的地位，例如北京故宫的天安门（皇城正南门）、午门（紫禁城正南门）、太和门、三大殿、乾清坤宁两宫、神武门（紫禁城北门）、地安门（皇城北门）就在同一南北轴线上，这就十分强烈地突出了皇宫之尊贵。不唯如此，这一南北轴线还向南北延伸，使以南的正阳门（北京内城正南门）、永定门（外城正南门）和以北的钟鼓楼完全在同一轴线上。皇宫的主要门殿不仅居宫城中心，而且是全北京城的中心。如此气魄宏伟的全局性规整布局，在世界上绝无仅有；这是从中国历史上长期发展起来的，由唐长安、元大都到明清北京，都是古代城市的伟大杰作。早期来到中国的欧洲人（例如马可·波罗），他们看惯了欧洲中世纪那种从封建侯城堡为中心自发发展起来的、规模不大、缺乏整体规划的城市，一看到宏伟的元大都或明清北京城和宫殿，都不免大吃一惊，赞叹不已。"（郭湘生：《中国古代建筑的格局和气质》，《文史知识》，1987年2月）

来一直如此。

从汉语、汉字、毛笔、木结构等物质载体看，它们恰恰能体现本书前述所谓重精神轻物质、情理交融、想象大于感觉等传统美学特征，也就不奇怪了。内容与形式、精神要求与物质载体是相互协调配合的。

Wilhelm Worringer（威廉·沃林格）批评技术决定风格论，强调更重要的是时代精神。当然，总的讲来，不会完全是由汉字、毛笔、木结构决定了华夏美学的特征，比这些物质载体更重要的仍然是作为创作者、欣赏者的人的"载体"。自秦汉以来，由于早熟型的文官制度建立，士大夫知识分子成为社会结构中的骨干力量，是文学艺术和哲学的主要创作者和享受者。他们在构成统治社会的文艺风尚和审美趣味上，经常起着决定性作用，同时他们又与民间文艺、下层趣味保持着或多或少的联系和沟通（如乐府、词曲、戏剧、书法、绘画均来自民间或工匠）。中国大小传统并不是那么隔绝。但占主要地位和优势力量的，仍然是大传统。从《诗经》(《国风》也并非民间作品）[①]、《楚辞》到《红楼梦》，从魏晋书法到明清文人画，中国哲学、美学、文艺，基本上都是由经过儒家教育的士大夫知识分子所承担。他们是比汉字、毛笔、木结

---

① 朱东润：《诗三百篇探故·国风出于民间论质疑》，上海，上海古籍出版社，1981.

● 扬无咎雪梅图卷 [宋]

构更重要的"载体"。从而,儒家思想在美学中一直占据主流,也就是相当自然的事情。

总起来,可以看出,从礼乐传统和孔门仁学开始,包括道、屈、禅,以儒学为主的华夏哲学、美学和文艺,以及伦理、政治等,都建立在一种心理主义的基础之上,即以所谓"汝安乎?……汝安,则为之"(《论语·阳货》)作为政教伦常和意识形态的根本基础。

这心理主义已不是某种经验科学的对象,而是以情感为本体的哲学命题,从伦理根源到人生境界,都在将这种感性心理作为本体来历史地建立。从而,这本体不是神灵,不是上帝,不是道德,不是理知,而是情理相融的人性心理。所以,它既超越,又内在;既是感性的,又超感性。这也就是审美的形上学。

正是在这心理主义的基础上,形成了华夏哲学—美学的各种范畴。如果前面说汉字具有模糊多义和不确定性，那么，这些涵盖面极大的范畴，便更如此。第二章讲"气"的范畴时，即指出这一点，其他所有范畴都有这个问题。如何严格地、科学地分析它们，解释它们，应是目前中国美学和文艺批评史的重要任务，但这是一项相当艰难的工作。

一些海外研究者用西方的理论框架来分析和区划中国文艺理论和观点。如 James J. Y. Liu（刘若愚）曾将中国文学理论分为"形上论""决定论和表现论""技巧论""审美论""实用论"等六大类型或派别。[①] 熊秉明则认为"把古来的书法理论加以整理，可以分为六大系统"即"写实派""纯造型派""唯情派""伦理派""自然派""禅意派"。[②] 这些都可以作参考，但都不甚准确，并总感到有些削足适履，没道出本土的真正精神。用现代的科学语言来明白解释直感性极强、包容性很大的中国美学和美学范畴，也将经历一个长期过程。

本书和本人都暂时没有能力做这工作，只是心向往之而已。于是本书所采取的，仍然是印象式的现象描述和直观态度，其缺乏近代的语言分析的"科学性"是显而易见的。对范畴的处理也一样。下面仍以一种简单的形式化的割裂方法，将传统中一些范畴，勉强排列一下，以约略表示其相互区分

---

① James J. Y. Liu（刘若愚），*Chinese Theories of Literature*, Chicago, 1975.

② 熊秉明：《中国书法理论体系》，第1页。

和历史流变。切不可以刻板求，切不可以"表"害意，切不可绝对分割，因为它们本是紧密联系和互相渗透着的。因此，这张表和这本书一样，它并不"科学"，也无大用，只希望能起点参考、提示作用而已。

时代	先秦两汉	六朝隋唐		宋元	明清近代
哲学	儒	庄	屈	禅	
客	气	道	象	韵	趣
主	志	格	情	意	欲
中介	比兴	神理	风骨	妙悟	性灵
举例	顾恺之 杜甫 颜真卿 吴敬梓	陶潜 张旭 李白 黄公望	阮籍 王羲之 柳宗元 朱耷	王维 苏轼 倪云林 曹雪芹	徐渭 汤显祖 李渔 袁枚
美（在）	礼乐人道	自然	深情	境界	生活

总　结

孔子曰："温故而知新，可以为师矣。"（《论语·为政》）回顾是为了在历史中发现自己，以把握现在，选择未来，是对自己现在状态的审察与前途可能的展望。这种发现、把握、选择、审察、展望，都包含有自己的历史性的"偏见"在内。这"偏见"其实也就是某种积淀下来的文化心理结构和本体意识。

什么是本体？本体是最后的实在、一切的根源。依据以儒学为主的华夏传统，这本体不是自然，没有人的宇宙生成是没有意义的。这本体也不是神，让人匍匐在上帝面前，不符合"赞化育""为天地立心"。所以，这本体只能是人。

本书作者在哲学上提出人类学本体论（亦即主体性实践哲学），即认为，最后的实在是人类总体的工艺社会结构和文化心理结构，亦即两个"自然的人化"[1]。外在自然成为人类的，

――――――――――

[1]　参阅拙著《批判哲学的批判——康德述评》。

内在自然成为人性的。这个人性也就是心理本体，人的自然化是这本体的不可缺少的另一方面。

心理本体的重要内涵是人性情感。它有生物本能如性爱、母爱、群体爱的自然生理基础，但它之所以成为人性，正在于它历史具体地生长在、培育在、呈现在、丰富在、发展在人类的和个体的人生旅途之中。没有这个历史——人生——旅途，也就没有人性的生成和存在。可见，这个似乎是普遍性的情感积淀和本体结构，却又恰恰只存于个体对"此在"的主动把握中，在人生奋力中，在战斗情怀中，在爱情火焰中，在巨大乡愁中，在离伤别恨中，在人世苍凉和孤独中，在大自然山水花鸟、风霜雪月的或赏心悦目或淡淡哀愁或悲喜双遣的直感观照中，当然也在艺术对这些人生之味的浓缩中。去把握、去感受、去珍惜它们吧！在这感受、把握和珍惜中，你便既参与了人类心理本体的建构和积淀，同时又是对它的突破和创新。因为每个个体的感性存在和"此在"，都是独一无二的。

《中庸》说："人莫不饮食也，鲜能知味也。"对以儒学为主的华夏文艺—审美的温故，从上古的礼乐、孔孟的人道、庄生的逍遥、屈子的深情和禅宗的形上追索中，是不是可以因略知人生之味而再次吸取新知，愈发向前猛进呢？

是所望焉。

图书在版编目（ＣＩＰ）数据

华夏美学 ：全彩插图珍藏版 / 李泽厚著. – 武汉 ：
长江文艺出版社， 2021.3
　　ISBN 978-7-5702-1853-0

　　Ⅰ. ①华… Ⅱ. ①李… Ⅲ. ①美学－研究－中国
Ⅳ. ①B83-092

　　中国版本图书馆 CIP 数据核字(2020)第 270868 号

策划编辑：陈俊帆

责任编辑：田敦国　雷　蕾　　　　　　责任校对：毛　娟

封面设计：颜　森　　　　　　　　　　责任印制：邱　莉　　胡丽平

出版：长江出版传媒　　长江文艺出版社
地址：武汉市雄楚大街 268 号　　　　邮编：430070
发行：长江文艺出版社
http://www.cjlap.com
印刷：武汉市金港彩印有限公司

开本：640 毫米×970 毫米　　　1/16　　印张：21.5　　　　插页：1 页
版次：2021 年 3 月第 1 版　　　2021 年 3 月第 1 次印刷
字数：184 千字

定价：58.00 元